基于文本挖掘的知识分类与识别研究

叶佳鑫 著

吉林大学出版社

·长春·

图书在版编目（CIP）数据

基于文本挖掘的知识分类与识别研究/叶佳鑫著.
长春：吉林大学出版社，2024. 11. --ISBN 978-7
-5768-4586-0

I. TP311.13

中国国家版本馆 CIP 数据核字第 20259ZM310 号

书　　名：基于文本挖掘的知识分类与识别研究
JIYU WENBEN WAJUE DE ZHISHI FENLEI YU SHIBIE YANJIU

作　　者：叶佳鑫
策划编辑：黄国彬
责任编辑：刘　丹
责任校对：赵　莹
装帧设计：卓　群
出版发行：吉林大学出版社
社　　址：长春市人民大街 4059 号
邮政编码：130021
发行电话：0431-89580028/29/21
网　　址：http://www.jlup.com.cn
电子邮箱：jdcbs@jlu.edu.cn
印　　刷：天津和萱印刷有限公司
开　　本：787mm×1092mm　　1/16
印　　张：9
字　　数：201 千字
版　　次：2025 年 3 月第 1 版
印　　次：2025 年 3 月第 1 次
书　　号：ISBN 978-7-5768-4586-0
定　　价：68.00 元

版权所有　翻印必究

前　言

在当今信息爆炸的时代，知识的分类与识别研究显得尤为重要。随着科学技术的发展和人类对知识的需求不断增长，学科之间的交叉和融合变得越来越频繁。传统的学科界限逐渐模糊，单一学科的知识和方法已无法满足现代复杂问题的研究需求。因此，如何高效、精准地识别和分类不同学科的知识点，成为学术研究和实际应用中亟待解决的问题。

知识分类与识别研究不仅有助于构建更加完善的知识体系，还能为科研工作者提供更为精准的知识导航和路径指引。通过对海量文本数据的挖掘和分析，可以识别出学科的核心知识点和潜在知识点，从而为研究的深入开展提供理论支撑和技术手段。此外，这种研究还能帮助科研工作者发现和筛选具有潜在价值的新知识，推动学术创新和科技进步。

本书旨在系统探讨如何利用文本挖掘技术进行知识的分类与识别，特别是在跨学科研究中的应用。通过深入分析和挖掘海量的学术文献，本书提供了一套全面、高效的跨学科知识识别工具。这一研究不仅具有重要的理论意义，丰富和完善了信息计量的相关理论，推动了信息组织相关理论的进展，还为跨学科相关理论的深化提供了新的视角。

在实际应用层面，本书首先为出版商和科研工作者提供了关于通用知识分类的实际方法，这不仅使得知识管理更为高效，同时也为其提供了评价和选择学术资源的基准。然而，单纯的知识分类并不足以应对当前科研和社会发展中复杂多变的现实问题。因此，跨学科研究的必要性愈加凸显，本书亦着重于对这一领域的探讨。通过系统地进行跨学科知识的分类与识别，科研工作者能够更好地洞察和解决现实问题，从而提升研究的质量和效率。

本书的研究方法展现了鲜明的创新性，巧妙地融合了信息计量理论和网络分析方法。在第 2 章中，详细探讨了基于文本挖掘的知识分类方法，涵盖词向量技术、机器学习算法、深度学习模型及网络分析等多种前瞻性技术，这显著提升了跨学科知识识别的精度。在第3章中，进一步提出了多种基于领域词典、词语权重分析、特征语义提取及网络角色识别的有效策略，为科研工作者提供了实用和多维度的方法集。第4章探讨了关键词特征对知识分类的影响，通过详细分析关键词特征的定义及其对分类效果的影响，提出了一系列增强关键词特征在知识分类中的应用策略。通过第5章知识流动视角下的跨学科知识分类研究、第6章基于核心期刊的识别实证，以及第7章对知识主题和知识点的识别方法，本书旨在为读者构建一个全面的知识框架。希望本书不仅仅成为跨学科研究领域的一个重要参考资源，更期望它能激励并推动我国的学术研究及科技创新的不断进步。通过本书的方法，期待科研工作者能够从多学科的角度出发，更全面地理解并应对现实世界中的各种挑战。

叶佳鑫

2024年10月15日

目　　录

第 1 章　导论 ··· 1
　　1.1　知识分类 ··· 1
　　1.2　知识识别 ··· 3
　　1.3　跨学科相关概念界定 ·· 7
　　1.4　研究内容与研究方法 ·· 13
　　1.5　结构安排 ··· 14

第 2 章　基于关键词网络的知识识别 ··· 16
　　2.1　关键词共现网络 ·· 16
　　2.2　关键词引文网络 ·· 18
　　2.3　关键词网络与知识识别 ··· 19

第 3 章　信息计量视角下的跨学科研究 ·· 24
　　3.1　布拉德福定律 ·· 24
　　3.2　文献增长与老化规律 ·· 28
　　3.3　普赖斯定律 ··· 32
　　3.4　跨学科研究中的应用 ·· 33

第 4 章　关键词特征对知识聚类的影响 ·· 36
　　4.1　关键词特征及研究思路 ··· 37
　　4.2　关键词特征对分类效果的影响 ······································· 40
　　4.3　关键词特征应用策略 ·· 48
　　4.4　本章小结 ··· 49

第 5 章　知识流动视角下的跨学科知识分类 ·································· 51
　　5.1　跨学科知识流动相关概念 ·· 52
　　5.2　知识跨学科性测度与分类方法 ·· 56

  5.3 跨学科知识分类研究实证 60
  5.4 本章小结 68
第6章 基于核心期刊的跨学科知识识别 69
  6.1 相关工作概述 70
  6.2 跨学科核心期刊识别方法构建 74
  6.3 实证与分析 76
  6.4 本章小结 82
第7章 跨学科知识主题与知识点识别 83
  7.1 跨科学核心主题识别 83
  7.2 跨科学核心知识点识别 85
  7.3 核心主题识别的方法 86
  7.4 核心知识点识别的方法 88
  7.5 实证分析与结果讨论 89
  7.6 本章小结 101
第8章 知识组合识别及其应用方法 103
  8.1 跨学科知识组合识别概念 103
  8.2 基于核心主题的知识组合识别 104
  8.3 基于知识点的知识组合识别 106
  8.4 知识组合识别实证 108
  8.5 本章小结 136

第1章 导 论

1.1 知识分类

在当今信息密集的社会中,知识分类对于信息的组织与利用显得愈发重要。随着信息技术的迅速发展,大量数据不断涌现,如何高效地管理和利用这些知识成为学术研究、企业运作及信息服务的关键问题。知识分类通过对知识的系统整理与归纳,不仅能够提升信息的可获取性与实用性,还能促进知识的交流与共享。本书将从知识类型划分、知识角色划分以及知识分类应用三个方面对其进行论述。

1. 知识类型划分

进行知识分类时,一种常见的思路是借助于现有的知识管理工具。维基百科作为一项自我维持的在线内容创作与共享项目,其知识分类结构以用户生成内容为基础,展现了高度的动态性和自组织特性。这种开放式知识平台使得无数用户能够自由地添加和修改条目,为各类知识提供了一个自由而广泛的展示平台。然而,随着知识量的迅速增长,如何有效地管理和组织这些知识成为重要课题。动态知识分类不仅影响了用户的查找效率,也对用户的参与和贡献产生直接影响,因此,深入研究维基百科的分类结构和动态演变规律对于理解新型知识管理模式具有重要意义。徐胜国等[①]通过分析分类页面的演变,探索其背后的逻辑和规律,以期寻找出一种有效的知识分类方式,有助于提升信息的检索效率,增强知识传播的质量。

隐性知识是指那些难以用言语表述、书面记录或传达的信息与经验,通常存在于个体的头脑中。与显性知识不同,隐性知识往往通过个人的直接经验、技能或直觉进行理解与

---

① 徐胜国,刘旭. 维基百科知识分类结构演化规律研究[J]. 图书情报工作,2014,58(07):119-124.

应用。在数字化时代，隐性知识在知识经济与企业创新中扮演着核心角色，由此催生出一些专门围绕隐性知识分类而展开的研究，以提高对隐性知识内涵与本质的认知并达到高效开发知识价值的目的。陈慧等[1]识别并分析了在数字档案资源整合与服务过程中涉及的隐性知识。他们强调隐性知识对档案资源整合的影响，探讨了其在满足用户需求及提升服务质量中的关键作用，并展示了如何在实际操作中将隐性知识系统化，并为企业在知识管理中提供了理论支持，推动了档案管理领域的实践创新。企业隐性知识的管理对于维持竞争优势和提升创新能力至关重要。马捷等[2]基于人类认知规律以及企业管理的实际需求，提出了一种三维分类模型能够对此类知识进行分类。这一分类模型帮助企业理解和管理隐性知识，提高了组织内部的知识流动性和创新能力，为企业的管理者提供了实用工具。

在数字经济的背景下，信息资源的云服务日渐兴起，大数据技术日新月异，海量信息的管理和存取成为当代面临的重要挑战。信息资源的云服务通过将数据存储和处理在云端，旨在提高数据的灵活性和可访问性，但随着存储的知识数量逐渐增加，为了更好地满足日益多样化的用户需求以及应对复杂多变的知识应用场景，亟需围绕云服务环境中的知识演变规律对知识类型提出新的划分方式。邓仲华等[3]探讨了如何设计适合信息资源云服务的知识分类方法，强调了用户需求和知识使用频率的重要性。这种基于云环境的分类原则为知识管理提供了新的视角，并使得交互式知识服务得以实现。

2. 知识角色划分

知识角色划分研究主要涉及在知识传播过程中，各种角色（如作者、贡献者和传播者）在信息流通中的作用和影响。图书情报学是一门涉及信息获取、管理和传播的交叉学科。识别研究方法对于推动学术研究和提高知识体系的建设至关重要。李鹏程等[4]应用知识角色迁移规律，通过开发一种新的数据批量标注方法，来自动识别和提取学术文本中的研究方法词汇。这种方法不仅提高了研究方法的识别率，还有助于构建更加系统和全面的学科方法库。这一研究的成果为图书情报领域的发展提供了新的工具与方法，促进了学术研究的规范化。

在竞争情报领域，作者的角色常常直接影响到知识的传播与利用。高小强等[5]通过社

---

[1] 陈慧，王晓晓，南梦洁，等. 数字档案资源整合与服务过程中的隐性知识分类——以赋能思维为视角[J]. 图书与情报，2019(06)：118-124.
[2] 马捷，靖继鹏. 企业隐性知识分类再探[J]. 情报杂志，2007(09)：38-39+42.
[3] 邓仲华，苏娟，李志芳，等. 面向信息资源云服务的知识分类研究[J]. 图书与情报，2012(03)：1-5.
[4] 李鹏程，程齐凯. 基于知识角色的信息学研究方法识别[J]. 情报杂志，2021，40(07)：23-29.
[5] 高小强，张昊. 竞争情报领域作者的知识角色识别研究[J]. 情报杂志，2013，32(03)：60-65+77.

会网络分析方法，对竞争情报领域的50名成果被引量较高的作者进行了深入分析，识别出不同角色（如知识源、知识传播中介和知识汇）。研究结果揭示了作者之间的相互关系以及他们在知识传播过程中的重要性。这一分析为新进入者提供了行业内动态的参考，帮助其识别发展重点与趋势，促进个人研究的深入。

3. 知识分类的应用

知识分类的实际应用专注于如何将理论成果落实到实践中，特别是在特定领域中的整合和服务质量的提升。专利信息的有效管理与检索对于技术创新的重要性毋庸置疑。梁田等[1]围绕专利信息的分类问题，探讨了特征词组的半自动获取和标注方法，并构建了适用于专利检索的知识分类体系。通过引入语义检索功能，该研究显著提升了专利信息的检索效率，帮助技术研发人员更为便捷地获取相关信息。这项研究为技术创新提供了支持，也为专利管理带来了新的视角和方法。

在网络舆情管理过程中，对知识特征的认知可显著提高舆情监管效率。[2] 周敬等探讨了应对网络舆情问题时的知识需求，其认为可以将知识划分为描述性知识、原理与规律性知识、过程性知识、归属性知识、情境性知识与案例性知识，基于这种知识分类方式可以更好地满足政府在应对网络舆情问题时的任务型与决策性知识需求。组织知识的演变可以反映出组织知识的整合模式。[3] 王向阳等通过将组织内部知识划分为关联知识与无关联知识实现了对知识价值与特性的明确，并厘清了各类知识在组织发展过程中所发挥的实际作用，进而构建了知识整合模型。

1.2 知识识别

面对科技文献和学术研究中日益增长的复杂性和多样性，如何高效地识别和分类知识实体及其组合成为学术界与出版界亟须解决的关键问题。本书系统探讨了知识实体识别、知识组合识别以及知识主题与知识群落识别的最新进展和挑战。从传统命名实体识别到更复杂的跨学科学术实体识别，研究者们通过规则抽取、机器学习和深度学习等多种方法，不仅提升了实体识别的准确性，还探索了实体的重要性分析与消歧技术。接下来，将深入

---

[1] 梁田，胡正银，程欣，等．基于知识分类体系的专利检索系统[J]．情报理论与实践，2012，35（04）：99-102+10．
[2] 周敬，陈福集．应对网络舆情的知识资源及知识供应研究[J]．情报科学，2016，34（03）：20-24．
[3] 王向阳，郜玉娟，齐莹．组织内部知识整合模型：基于知识演变视角[J]．情报理论与实践，2018，41（02）：88-93．

分析这些研究方法的实际应用，探讨知识组合识别中实体间关系的抽取与理解，以及知识主题与知识群落的形成和演化机制。

1. 知识实体识别

知识实体识别与命名实体识别具有较高的相似性，两者都是通过规则抽取、机器学习和深度学习等方法从文本中识别特定的实体。两者的不同之处则在于识别的实体类型差异，命名实体识别需要识别的实体类型主要是自然语言文本中的人名、地名和机构名等名称类实体，而知识实体识别则识别研究方法、理论模型等广泛分布于科技文献中的学术类实体[1]。

Kenekayoro[2]对学者的个人网站中的信息进行整合，并建立了一个学术数据库，通过人工方式确定了学术实体的种类，随后通过有监督的机器学习方法实现了学术实体的识别；Gao 等[3]在 CNN 神经网络的基础上提出了一种上下位特征嵌入方法来实现多特征的语义增强，以提升引文实体的识别效果；温浩等[4]通过分析文献摘要建立了创新点本体语义关系模型，通过特定的引导词实现了对问题、方法与结果等知识实体的识别，并借助 WordNet 进行了实体扩展；徐浩等[5]基于字典、规则与人工方法对包含方法论的句子与实体进行了抽取；章成志等[6]比较了包括双向长短期记忆网络在内的 8 种神经网络模型在研究方法实体抽取工作中的效果，结果表明将字向量、条件随机场与双向长短期记忆网络结合具有最佳效果。

在进行知识实体识别之后，为了对实体质量进行控制，会继续进行知识实体消歧或实体重要性分析等工作。实体消歧是指根据上下文，将存在歧义的实体映射到知识库中，依据知识库中的相关知识来明确其概念，以解决同名实体的歧义问题。Digiampietri 等[7]通过

---

[1] 曹树金，赵浜. 面向学术论文创新内容的知识图谱构建与应用[J]. 现代情报，2021, 41(12)：28-37.

[2] Kenekayoro P. Identifying named entities in academic biographies with supervised learning[J]. Scientometrics, 2018, 116(2)：751-765.

[3] Gao J, Zhang Z, Cao P, et al. Citation entity recognition method using multi - feature semantic fusion based on deep learning[J]. Concurrency and Computation：Practice and Experience, 2022, 34(6)：e6770.

[4] 温浩，温有奎，王民. 基于模式识别的文本知识点深度挖掘方法[J]. 计算机科学，2016, 43(3)：279-284.

[5] 徐浩，朱学芳，章成志，等. 面向学术文献全文本的方法论知识抽取系统分析与设计[J]. 数据分析与知识发现，2019, 3(10)：29-36.

[6] 章成志，张颖怡. 基于学术论文全文的研究方法实体自动识别研究[J]. 情报学报，2020, 39(6)：589-600.

[7] Digiampietri L A, Ferreira J E. Automatic identification of academic profiles using author name disambiguation[J]. Em Questão, 2018, 24(2)：37-54.

比较学者在 Lattes 课程和谷歌学术档案中的信息实现了学者姓名消歧，以辅助学者谷歌学术档案的识别工作；Mihaljević 等[1]采用半监督方法实现了对学者身份的划分与结果图聚类，提高了数字图书馆领域学者消歧效果；昌宁等[2]在通过学者合作关系构建学术合作网络以发现歧义现象的基础上，借助机构与领域信息实现了姓名消歧；邓启平等[3]从文献信息中抽取多类节点以实现异质网络的构建，并通过网络表示学习方法学习节点向量，以实现节点聚类，通过强规则匹配方法对聚类簇进行融合，以实现学者姓名消歧。

知识实体重要性分析主要探讨知识实体在特定关系或网络中的价值。王凯等[4]将句子视为独立的知识单元，并将文献表示为由句子节点组成的关系网络，通过句子间的词耦合现象来计算句间关联度，结合社会网络分析方法挖掘出了文本中的核心句；李长玲等[5]从学科先进性、学科关键性与跨学科综合性三个维度出发，探讨了跨学科潜在知识增长点的识别思路，指出可以通过联合学科关键知识节点的识别与跨学科相关知识的挖掘来实现跨学科增长点识别。

综上，目前有关知识实体识别的研究主要是从分析现有网络结构出发，找出网络中的重要知识，而对潜在知识的挖掘虽已引起部分学者的重视，但相关研究还是较为缺乏。因此，需补充知识实体语义类型分析、知识实体潜在价值预测，以及知识实体结构功能分析等研究来实现对潜在高价值知识的识别。

2. *知识组合识别*

相较于知识实体识别，知识组合识别在识别出知识实体后需要对实体间的关系进行挖掘，找出具有一定联系的知识实体。因此，知识组合识别的重点在于实体关系的抽取。

实体关系抽取是指从文本中抽取已标注实体间的语义关系，可以形式化地描述为<实体，关系，实体>的三元组。Deng[6]建立了一个基于中国大学 MOOC 平台的高等教育知识

---

[1] Mihaljević H, Santamaría L. Disambiguation of author entities in ADS using supervised learning and graph theory methods[J]. Scientometrics, 2021, 126(5): 3893-3917.

[2] 昌宁, 窦永香, 徐薇. 基于多源数据的科技文献作者同名消歧研究[J]. 情报科学, 2021, 39(6): 108-116.

[3] 邓启平, 陈卫静, 嵇灵, 等. 一种基于异质信息网络的学术文献作者重名消歧方法[J]. 数据分析与知识发现, 2022, 6(4): 60-68.

[4] 王凯, 孙济庆, 李楠. 面向学术文献的知识挖掘方法研究[J]. 现代情报, 2017, 37(5): 47-51, 110.

[5] 李长玲, 高峰, 牌艳欣. 试论跨学科潜在知识生长点及其识别方法[J]. 科学学研究, 2021, 39(6): 1007-1014.

[6] Deng Y. Construction of higher education knowledge map in university libraries based on MOOC[J]. The Electronic Library, 2019, 37(5): 811-829.

地图，实现了课程与课程、课程与教师，以及参考书与课程等多种实体间关系的提取；Li 等[1]在传统三元组的基础上新增了一个元组来描述实体的概率、特异性与可靠性等属性，以更好地识别医学实体间的关系；蒋婷等[2]通过层叠条件随机场与 C-value 实现了对方法、人物、工具与资源等实体的抽取，并结合外部词库与 Web 抽取实体等级关系，基于图的方法生成概念图模型，以构建实体概念等级关系；唐琳等[3]通过结合深度学习、AP 聚类、Prim 算法与 Web 搜索引擎，实现了一种基于规则推理的概念层次关系抽取方法。

在知识组合的识别中，相关研究主要是基于外部资源、条件概率等工具或方法来对文本语义进行理解，以实现实体间相关关系或层次关系的识别，但对实体特征的挖掘还有待加强，主要体现在对实体类型等实体的属性特征进行挖掘与利用的研究较少。实体属性可用来对实体进行描述与规范，若缺少对实体属性的研究，则将制约对多个实体或知识间关系进行挖掘的效果，极大地影响研究进展。

3. 知识主题与知识群落识别

知识主题与知识群落是知识间关系不断演化的结果，目前有关研究主要包括对知识主题与知识群落形成与演化机理的研究以及对主题、群落特征的研究。

在对知识主题与知识群落形成与演化机理的研究方面，You 等[4]通过观测关键词共现网络结构的时序变化情况对物理学领域知识的演化路径进行了分析；Zhang 等[5]通过关键词之间的直接共现关系、应用关系以及作者耦合关系探讨了知识的发展规律，研究表明知识的演化可分为产生、增长、过时、转移与相互增长五个阶段；滕广青及其团队先后进行了知识群落动态演化[6][7]与知识群落生长机制[8][9]的研究，其通过复杂网络分析与社群发现

---

[1] Li L, Wang P, Yan J, et al. Real-world data medical knowledge graph: construction and applications[J]. Artificial intelligence in medicine, 2020, 103: 101817.

[2] 蒋婷, 孙建军. 领域学术本体概念等级关系抽取研究[J]. 情报学报, 2017, 36(10): 1080-1092.

[3] 唐琳, 郭崇慧, 陈静锋, 等. 基于中文学术文献的领域本体概念层次关系抽取研究[J]. 情报学报, 2020, 39(4): 387-398.

[4] You T, Yoon J, Kwon O H, et al. Tracing the evolution of physics with a keyword co-occurrence network[J]. Journal of the Korean Physical Society, 2021, 78(3): 236-243.

[5] Zhang X, Xie Q, Song C, et al. Mining the evolutionary process of knowledge through multiple relationships between keywords[J]. Scientometrics, 2022, 127(4): 2023-2053.

[6] 滕广青. Folksonomy 模式中紧密型领域知识群落动态演化研究[J]. 中国图书馆学报, 2016, 42(4): 51-63.

[7] 安宁, 滕广青, 徐汉青, 等. 知识群落演化与知识传递模式研究[J]. 图书馆学研究, 2018(21): 76-85.

[8] 滕广青, 贺德方, 彭洁, 等. 基于网络演化的领域知识群落生长机制研究[J]. 情报理论与实践, 2016, 39(10): 16-20, 15.

[9] 滕广青. 关联驱动的领域知识群落生长[J]. 中国图书馆学报, 2017, 43(3): 58-71.

等方法对知识间的链接关系进行挖掘，识别了知识网络中的知识群落，跟踪并分析了不同类型、规模群落的演化路径，通过派系分析与关联驱动等方法对知识群落进行了时间、频度、关联等多维度的路径分析；李长玲等[1]采用开放式非相关知识发现方法对关键词共现网络进行分析，从问题-方法的角度出发，识别了潜在的跨学科合作主题。

在知识主题、群落特征研究方面，滕广青等[2]采用复杂网络分析的理论、方法构建了知识群落，并进行了群落结构及群内核心知识间的关联分析，实现了群落中核心知识的挖掘；安宁等[3]在通过社群发现算法识别与提取知识群落结构的基础上，通过对知识群落组成率、输出率与传承强度的分析探寻了群落中知识的传承特征；操玉杰等[4]将网络嵌入性理论与关键词共现关系相结合，借助指数随机图模型对知识群落的网络结构与节点属性进行了分析，揭示了主题中知识的连接机制。

纵观知识主题与群落识别研究，目前的研究主要集中于对现有主题与群落的分析，挖掘其规模、结构以及观测其演化路径。虽已有识别潜在知识主题与群落的研究，但现有研究本质上还是对研究方法及研究问题间关系的挖掘，识别效果具有一定限制，主题与群落中知识规模较小，知识种类较为单一。

1.3 跨学科相关概念界定

1.3.1 跨学科

在 20 世纪 20 年代，国外学者就提出了跨学科的概念，跨学科对应的英文术语为 interdisciplinary，伍德沃斯（R. S. Woodworth）在 1926 年用这一概念表示超过了单个学科范围的研究，他认为跨学科研究是一种超出单个学科研究边界，并扩展到了其余学科领域的一种研究。

---

[1] 李长玲, 刘小慧, 刘运梅, 等. 基于开放式非相关知识发现的潜在跨学科合作研究主题识别——以情报学与计算机科学为例[J]. 情报理论与实践, 2018, 41(2)：100-104, 137.
[2] 滕广青, 杨明秋, 田依林, 等. Folksonomy 模式中的知识群落及其核心知识分析[J]. 图书情报工作, 2015, 59(22)：124-129.
[3] 安宁, 孙熊兰, 滕广青, 等. 领域知识群落的演变模式与知识传承[J]. 情报资料工作, 2019, 40(4)：15-25.
[4] 操玉杰, 李纲, 毛进, 等. 基于 ERGM 的学科交叉领域知识连接机制实证研究[J]. 图书情报工作, 2019, 63(19)：128-135.

到了20世纪60年代,"transdisciplinary(超学科)""crossdisciplinary(横学科)"和"multidisciplinary(多学科)等与跨学科相关的概念相继出现。其中,多学科仅是指研究会涉及多个学科,但并未就学科间关系进行讨论。群学科是将各种学科进行并列表示,以增强学科间关联。横学科(crossdisciplinary)是指有一门学科在不同学科间发挥着重要影响,其他学科以这门学科为中心来进行交互。跨学科(interdisciplinary)指一组学科具有共通的定理,在不同概念层次间发生相互作用①。

直到20世纪80年代,我国才开始逐步引入跨学科的概念。1984年国务院提出的《关于科学工作的六条方针》中指出了自然科学与社会科学间具有一定的交叉现象。1985年的首届跨学科学术讨论会上提出了交叉学科的时代即将到来的畅想。随后,与跨学科相关的文献资料也相继出现,例如,刘仲林教授在1990年出版的《跨学科学导论》一书中对国际、国内的跨学科研究发展趋势进行了详细论述②。但值得注意的是,国内对跨学科(交叉学科)的认知尚未达成统一,目前比较权威的定义是由钱学森教授提出的,他认为交叉学科起源于自然科学及社会科学间的交叉地带,是学科交叉所产生的一系列新生学科。

1.3.2 跨学科知识

1. 知识及其相关概念

1)知识与知识单元

知识可以理解为一种结构性经验、价值观念或关联信息、专家见识的流动组合,其具有指导人类行动的重要特征③。知识单元则是人们为了对知识进行更为精细的管理活动而提出的一类概念,文庭孝等人认为知识单元是指一定单位的知识内容,可以是文献或者文献中的部分内容④。依据对现有研究理念的提炼,在本书中将知识单元理解为知识控制与处理的基本单位。

2)知识与主题内容

刘自强等人指出主题内容是某一学科内部的基本知识单元,可以通过关键词或主题词等形式对其进行表示⑤。根据该观念,可以做出以下理解:主题是由某一学科内部的一些

---

① 吴小兰. 社交媒体上跨学科用户发现及其应用研究[D]. 南京:南京理工大学, 2018.
② 刘仲林. 跨学科学导论[M]. 杭州:浙江教育出版社, 1990.
③ 李霞, 樊治平, 冯博. 知识服务的概念、特征与模式[J]. 情报科学, 2007(10):1584-1587.
④ 文庭孝, 罗贤春, 刘晓英, 等. 知识单元研究述评[J]. 中国图书馆学报, 2011, 37(5):75-86.
⑤ 刘自强, 王效岳, 白如江. 多维度视角下学科主题演化可视化分析方法研究——以我国图书情报领域大数据研究为例[J]. 中国图书馆学报, 2016, 42(6):67-84.

知识聚集而成，这些知识通常是通过关键词或主题词等形式表示，同时为了便于控制与处理这些知识，可以将表示知识的关键词或主题词进行概念关联来形成便于管理的知识单元。此外，值得注意的是刘自强等人将主题内容的概念限定在了"某一学科"，而本书认为主题不应局限于"某一学科"，其可以是跨学科或多学科的。因此，本书认为主题内容是来自某一学科或多个学科的知识，这些知识通常由关键词或主题词等形式进行表示并被组织成具有独立意义的知识单位。

3）知识与关键词

在对知识、知识单元与主题内容的概念进行辨析时，已经提到关键词是一类用于表示知识单元的文本，而知识单元又是经过控制而得到的具有一定单位的知识集合，因此可将关键词认知为一种知识的表现形式。此外，在科技文献中，知识的表现形式还有标题、作者、摘要等多种文献元数据以及文本内容，在这些表现形式中，关键词的特点在于其具有较高的使用便利性、可理解性[1]。据此，在本书中将主要通过关键词来对知识进行表示，以便于对知识价值进行评估与衡量。

2. 跨学科知识的概念

依据研究方向及所属学科的不同，目前的研究对"跨学科知识"做出了不同定义。在社会科学领域，尼萨尼（Moti Nissani）认为"跨学科知识"是指两个或两个以上的学科存在相似的构成要素[2]。在教育学领域，徐晓梅等认为"跨学科知识"是指两门或两门以上的不同学科的知识，他们从英语教学的角度出发，认为对英语教师来说，"跨学科知识"包括除本学科以外的任何一门具有一定独立地位的文、史、哲或数、理、化等学科知识[3]；于杨等则从工科的角度出发，认为"跨学科知识"是指新工科教师除掌握工程知识之外，还需涉猎不同学科的知识，用以打造更加多元的知识基础[4]。在图书情报学领域，李长玲及其团队将"跨学科知识"定义如下"为破解科研难题或实现知识的突破，学者往往需要选择借鉴或综合其他学科的理论、方法、技术等，实现本学科知识的再创造，这些理论、方法、技术对于待解决问题的目标学科来说，便是跨学科相关知识"[5]。并且在进行"跨学科知识"交

---

[1] 熊回香，叶佳鑫. 面向科技文献检索的关键词层次结构构建[J]. 情报理论与实践，2022，45(9)：157-163，156.

[2] Nissani M. Ten cheers for interdisciplinarity: The case for interdisciplinary knowledge and research[J]. The social science journal, 1997, 34(2): 201-216.

[3] 徐晓梅，李娅琳. 高校英语教师多元化知识结构的构建与复合型英语人才的培养[J]. 教育与教学研究，2010，24(7)：56-59.

[4] 于杨，吕悦. 新工科教师胜任力模型的建构与分析[J]. 高等工程教育研究，2021(3)：32-38.

[5] 杜德慧，李长玲，相富钟，等. 基于引文关键词的跨学科相关知识发现方法探讨[J]. 情报杂志，2020，39(9)：189-194.

流中间人识别研究时，他们认为具有跨学科桥梁能力的多学科交叉知识也可被定义为"跨学科知识"①。

在本书中，"跨学科知识"的概念更贴近于李长岭及其团队所做定义，他们所做的定义具有两个较为显著的特征：①指明"跨学科知识"的来源，即"跨学科知识"是从其他学科借鉴而来；②指出跨学科的发生目的，即应用其他学科的理论、方法与技术等来解决本学科的问题。根据该特征以及之前的论述，本书在这里首先对"跨学科知识"做出如下定义："跨学科知识是指同时存在于两个或两个以上学科中的知识，其最先只存在于某一个学科内，当另一学科为了解决其学科内的问题而将这个知识应用于自身学科时，该知识便成为跨学科知识。"

3. 跨学科知识的特征

1) 跨学科性

"跨学科知识"是随着跨学科研究的不断推动而持续产生的知识，对于跨学科研究来说，跨学科性就是指仅依靠单一学科的知识难以解决所面对的问题，研究基础来源于多门学科。因此"跨学科知识"所具有的跨学科性可以理解为单一学科的知识难以有效应对现存的客观问题，因此来自多个学科内的知识之间彼此产生了交叉、组合等现象。

从学科发展的角度来看，学科存在一个不断细分的过程。以自然科学为例，16世纪到19世纪期间，自然科学内不同学科间较为独立，学者的研究也常局限于狭窄的学科领域中，并不断推动某一领域的发展，促使研究领域不断细化，并因此带动了知识的不断演进。但当学科发展到一定阶段时，科学家为了寻求更大的突破，开始在学科边缘地带展开跨学科研究，并因此形成了物理化学、生物化学、信息生物等学科。随着学科的不断细分以及交叉，依附于各个学科内的知识也就自然而然地产生了跨学科性。

此外，知识的跨学科性也受到了知识载体的影响。在承载学术研究的期刊中存在着数量庞大的知识，为了解决日益复杂的科学问题，学者在进行研究时，会经常引用来自不同学科的期刊，因此也带动了知识之间的跨学科交流。这种基于学者的跨学科研究而产生的知识之间的跨学科交流现象，可以通过共现分析、引文分析和主题挖掘等分析方法进行观测。

2) 复杂性

本书的研究重点在于挖掘知识的跨学科价值以及进一步开发已有的"跨学科知识"的价值，在价值开发过程中主要需考虑的特征是"跨学科知识"的复杂性。"跨学科知识"的复

---

① 李长玲，徐璐，范晴晴，等. 基于引文网络的当代跨学科知识交流中间人识别——以图书情报领域为例[J]. 情报理论与实践，2022，45(2)：129-136.

杂性主要可分为"跨学科知识"的使用复杂性与"跨学科知识"的组合复杂性。其中，"跨学科知识"的使用复杂性主要影响"跨学科知识"的价值开发方法与思路，"跨学科知识"的组合复杂性则主要影响对"跨学科知识"之间关联的挖掘与辨识。

"跨学科知识"的使用复杂性，缘于"跨学科知识"是指来自多个学科的知识，因此"跨学科知识"的概念内涵必将是复杂的，要想较好地对"跨学科知识"进行应用，就必须清楚该知识的原理、逻辑、知识的产生背景，以及知识依托的理论基础，这些都要求学者在使用"跨学科知识"时具备良好的跨学科素养，对多个学科内容都具有一定程度的了解。此外，在使用"跨学科知识"来解决实际问题时，也需要了解"跨学科知识"与问题之间的关联性，探讨"跨学科知识"是否适用于解决该问题、"跨学科知识"所依托的理论是否能良好地应用或移植到问题所属的领域。

"跨学科知识"的组合复杂性则在于，"跨学科知识"必将涉及两个及以上的学科，且知识之间在语义类型上也存在差异。"跨学科知识"很有可能涉及多个学科，其组合的复杂性也将随着所涉及学科的增多而愈加明显，以图书出版问题为例，当图书情报与出版学科知识组合时可能会涉及对纸质图书价值、出版形式等方面的探讨，而当进一步组合电子信息科学综合学科的知识时，则很有可能涉及对电子版图书相关问题的探讨。知识的语义类型可被划分为"研究主题""研究范围""理论方法"和"研究目的"等多种类型[①]，当多个学科间的知识相互交叉、组合形成"跨学科知识"时，不同学科内的"研究主题"与"研究目的"类知识可以相互组合，从而产生新的研究问题或研究方向，"研究主题"与"研究范围"类知识可以相互组合，从而扩宽研究的视野，"理论方法"与"研究目的"类知识可以相互组合，从而形成解决问题的新途径。

整体而言，"跨学科知识"的特征主要是基于其载体及使用者的特征或相关活动而产生，想要更好地挖掘"跨学科知识"特征，离不开对跨学科研究、学科发展以及"跨学科知识"载体的研究。跨学科研究的不断推进，会从应用角度带动"跨学科知识"的特征不断变化，例如当跨学科研究的重点聚焦于整合与利用多学科知识时，"跨学科知识"会具有明显的复杂性特征，当跨学科研究的重点聚焦于基于学科特点开发学科知识时，不同学科内的"跨学科知识"的内涵会产生明显差异，"跨学科知识"也就具有了学科差异性的特征。学科的发展会从根本上带动"跨学科知识"的特征的变化，"跨学科知识"的产生，其本质就源于学科的不断细分与交叉融合，学科的细分使得知识概念不断分化，从而形成数量庞大、概念明确的知识，这也为不同学科间知识的交叉与融合打下了基础，概念的明确使得

---

① 叶佳鑫，熊回香，杨滋荣，等. 关键词词频及语义特征对科技文献聚类的影响研究[J]. 情报科学，2021，39(8)：156-163.

不同学科得以更为清晰地认识到其他学科内知识的内涵，相比于引入未被分化的知识，引入概念较为细致的知识也更为容易。知识载体则会通过自身的变化来带动"跨学科知识"特征的变化，知识主要依附于书籍、期刊、杂志等固定载体而存在，因此载体的变化也必将导致"跨学科知识"的特征发生一定改变，通过对载体特征的研究也能发现"跨学科知识"的部分特征。

1.3.3 跨学科知识分类

跨学科知识分类是指在研究和学术领域中，根据特定的研究主题、方法论、应用领域、理论与实践的结合以及时间维度等因素，对来自不同学科的知识进行系统化组织和分类的过程。这种分类方式旨在超越单一学科的限制，通过整合和协同多学科的知识资源，促进知识的创新和综合问题的解决，从而更有效地应对复杂的社会和科学挑战。

本书基于知识流动规律，从多样、平衡、差异三个核心方面出发，测度了跨学科知识的跨学科特征，从而实现了对跨学科知识的分类。在本书中，多样性体现为不同学科知识的广泛融合，平衡性则关注各学科间的互动均衡，差异性则强调学科间的独特性与多元互补性。在具体的操作层面，研究首先通过学科交叉分析和突现分析方法，识别出潜在的跨学科知识。接着，通过引用强度分析方法，量化知识的跨学科强度，进一步确认其跨学科地位。在概念创新阶段，网络科学中同配性概念的引入，以及概念同配性分析方法的提出，有效地测度了知识在概念层面的变革性，衡量其创新潜力。这一研究框架不仅为学术界提供了理解跨学科知识流动的全新视角，还通过系统性方法整合了多学科知识，从而推动了知识的创新与综合问题的解决。

1.3.4 跨学科知识识别

从狭义上来说，"跨学科知识"应是指具有特定概念的一类可被利用、理解的信息单位。但是在本书中，为了更好地对"跨学科知识"识别的整个过程进行分析与理解，本书将"跨学科知识"的产生者或发布者如跨学科核心期刊，以及"跨学科知识"的组成形式如跨学科知识组合等统称为"跨学科知识"的相关概念，并对其识别过程一同进行介绍。因此，本书中的"跨学科知识识别"可以分为对跨学科知识发布者的识别即跨学科核心期刊识别，对跨学科知识及其特定形式的识别即跨学科核心知识识别、跨学科核心主题识别和跨学科核心知识点识别，以及对跨学科知识组配方式即跨学科知识组合的识别。

1.4 研究内容与研究方法

1.4.1 研究内容

本书的研究内容主要包括知识分类、知识识别两个重要方面,其中知识分类包括对一般知识的分类以及跨学科知识分类,知识识别则主要侧重于对跨学科知识的识别。在具体的研究过程中,本书以中国知网与中文社会科学引文索引数据库为主要的数据检索平台,从以上平台中可以检索到论文等学术资源的题录、作者、发表时间、来源及所属学科等基础信息,也可更进一步获得资源的主题以及资源之间的相互引用信息等,借助平台上的数据可以较好地展示本书的研究过程。

①知识分类研究。在通过关键词来表示知识的基础上,按照关键词的词频与语义类型特征对其进行分类,并探讨了不同特征对文献聚类效果的影响。具体而言,关键词可以分为超高频词、次高频词和中低频词,超高频词具有广泛的覆盖率,但可能缺乏细致的语义信息;次高频词则能够反映特定领域的核心概念,适合用于精准的聚类分析;而中低频词则提供更细分的领域信息,但可能导致聚类不够稳定。同时,从语义类型特征来看,关键词可以按研究主题、研究范围及所属领域进行分类,这有助于加强文献间的语义关联。通过合理选择和使用不同频次及语义类别的关键词,本书探索了这些特征对文献聚类效果的影响,进而为知识分类提供了更有效的理论与实践指导。

(2)跨学科知识分类研究。从知识流动视角探析跨学科知识现象,识别其在不同阶段的特征并进行分类,以更好地理解学科间的知识差异并预测其发展方向。本书将跨学科知识流动划分为知识流入、概念创新与知识反流三个阶段,并采用学科交叉分析、知识突现分析、跨学科引用分析及概念同配性分析,测度各阶段知识特征。基于特征差异,研究将知识划分为借鉴型(重构其他学科知识,适合学科交叉初期)、同化型(吸收融合其他学科思想,为进阶阶段)、创新型(产生新概念,突破学科原有框架)和差异型(引发学科间激烈碰撞,促进新学科发展)四种类型。这一方法为预测学科交叉趋势、推动知识创新提供了理论依据。

(3)跨学科知识识别研究。①跨学科核心期刊识别与跨学科核心知识识别。结合图书情报学中信息计量领域的基础理论——布拉德福定律进行了跨学科核心期刊的识别。通过分析不同学科内关键词的分布规律,识别出跨学科知识,并在此基础上通过社会网络分析方法识别跨学科核心知识。②跨学科核心主题识别与跨学科核心知识点识别。在识别跨学科知识并分析知识引用机理的基础上，结合普赖斯定律进行了跨科学核心主题与跨学科核心知识点的识别。③跨学科知识组合识别。在识别出跨学科核心主题的基础上，本书通过对核心主题的分析，并结合基于Bert-BiLstm的关键词语义分类模型，实现了对跨学科核心组合的识别。

1.4.2 研究方法

为了更好地开展研究工作，书中采用了数据挖掘方法、信息计量分析、网络分析方法、统计分析法与实证研究法等方法，本书的方法可总结如下。

(1)文献调研法。在文献分析阶段，使用文献调研法对文献进行搜集、鉴别、归并与提炼，通过对文献的归纳与整理，形成对相关研究理论与方法的科学认知，并在此基础上寻找研究的切入点，凝练研究思路与方法框架。

(2)内容分析法。在进行研究时，选取了一定数量的文献作为样本，利用内容分析法对相关文献内容进行挖掘与分析，确定了知识分类、知识识别为研究目标。

(3)数据挖掘方法。在研究中，使用了模式匹配、Bert预训练模型以及BiLstm等方法对文本内容进行了提取与表征，实现了对知识语义特征的挖掘。

(4)信息计量分析方法。借助布拉德福定律等信息计量理论，识别出了跨学科核心期刊与跨学科核心知识，并对跨学科知识的增长量与衰老程度进行了测度，从而判定了跨学科知识的价值状态。

(5)网络分析方法。通过社会网络分析方法对知识之间的共现关系进行挖掘，从而通过中介中心性、点度中心性等指标进行了知识的核心性分析。通过关键词引文与共现网络挖掘了知识间引用、共现相关性，并明确知识之间的引用强度以及知识之间的共现强度。

(6)统计分析法。在书中，通过统计分析方法分析了知识的频次特征，从而明确知识热度，并通过统计各学科中的知识频次实现了对知识特征的描述。

(7)实证分析法。为了更好地验证所提方法的效果，本书从学术数据库中采集了大量数据进行实证研究，验证了知识分类与知识识别的效果，验证了本书方法的应用价值。

1.5 结构安排

本书共分为8章，各章的具体工作内容安排如下。

第 1 章首先介绍了本书的核心概念，即知识分类、知识识别和跨学科的相关定义，随后阐述了本书的研究内容、研究方法以及各章节的内容。

第 2 章是对本书的核心研究方法即关键词网络分析方法的介绍，重点阐述了关键词共现网络以及关键词引文网络的概念，并回顾了关键词网络分析方法在知识识别中的相关研究。

第 3 章是对信息计量相关理论及方法的介绍，信息计量在知识分类与知识识别研究中占据重要地位，主要介绍了信息计量领域的核心定律以及信息计量在跨学科研究中的应用趋势。

第 4 章主要研究了知识的词频与语义特征对文献聚类效果的影响，在依据词频及语义特征对知识进行分类后，探讨了不同类型知识在文献聚类中所发挥的作用，明确了各类型知识在文献聚类工作中的价值。

第 5 章通过分析跨学科知识流动规律，对跨学科知识特征进行测度，并实现了对跨学科知识的分类，以便更好地理解跨学科知识在不同学科内的概念差异并预测其发展方向。

第 6 章进行了跨学科核心期刊识别与跨学科核心知识的识别，通过布拉德福定律对跨学科核心期刊进行了布拉德福区域划分，从而确定了核心期刊，随后统计分析了图书情报学科、计算机科学与技术学科间的知识交集，借助社会网络分析方法识别了跨学科核心知识。

第 7 章进行了跨学科核心主题识别与跨学科核心知识点识别，通过普赖斯定律与关键词网络分析方法挖掘了跨学科核心知识与其他知识之间的关联，并通过 K-means 聚类方法识别了两类跨学科核心主题。通过知识状态对跨学科核心知识进行了分类，识别出了三类跨学科核心知识点。

第 8 章进行了跨学科知识组合的识别，通过识别的两类跨学科核心主题与三类跨学科核心知识点，构建了 5 条跨学科知识组合识别路径。在跨学科知识组合识别的过程中构建了 Bert-BiLstm 语义分类模型，实现了知识语义类型分类，并进行了基于关键词的知识间接共现网络分析。

第 2 章　基于关键词网络的知识识别

2.1　关键词共现网络

　　陈宝国和殷海涛[①]与黄贵辉和许正中[②]等学者认为，关键词共现网络是指基于一对关键词在文献中共同出现的情况所形成的网络，基于关键词在同一篇文献中共同出现的情况可以通过聚类分析等方法绘制关键词网络图，从而挖掘关键词之间的联系并反映关键词所代表的学科与主题结构。本书认为，关键词共现网络既可以指基于关键词之间的直接共现关系所形成的网络，也可以指基于关键词之间的间接共现关系而形成的网络，其中关键词之间的直接共现关系主要指关键词在文献中共同出现的情况，而关键词之间的间接共现关系则是指关键词之间依据其他媒介而产生的联系，例如若一个学者发表了两篇科技文献即科技文献 A 与科技文献 B，科技文献 A 中包含关键词 K_1，科技文献 B 中包含关键词 K_2，则说明关键词 K_1 与关键词 K_2 之间基于该学者产生了间接共现关系，此外，若存在关键词 K_3，关键词 K_1 与关键词 K_3 之间存在直接共现关系，关键词 K_2 也与关键词 K_3 之间存在直接共现关系，那么关键词 K_1 与关键词 K_2 之间基于关键词 K_3 也产生了间接共现关系，本书将这种关键词之间通过其他媒介而产生的共现联系称为关键词间接共现关系，而依据关键词间接共现关系所构建的网络则称为关键词间接共现网络。

　　关键词共现网络分析方法的基础在于对关键词特征的分析，关键词的热度、词源、语

[①] 陈宝国，殷海涛. 基于 CSSCI 的社会主义核心价值观研究可视化分析[J]. 西北工业大学学报（社会科学版），2017，37(3)：1-10，18.
[②] 黄贵辉，许正中. 国内行政改革研究热点与发展趋势研究——基于 CiteSpace 知识图谱分析[J]. 长白学刊，2021，221(5)：65-74.

义类型和词间相关性等因素都会对分析结果产生较大影响。李纲等[1]将关键词共现网络分析过程概括为六个步骤：确定分析问题，概念术语的词源选择（分析单元的确定），高频词选定，术语的相关性计算并构建相关矩阵，多元统计分析，以及结合相关学科知识对统计结果进行科学分析。并在此基础上，对关键词共现网络分析中的若干问题进行了探讨，得出如下结论：①在词源选择方面。不同类型分析单元的选择、概念术语规范化以及术语表意差异性会对分析结果造成显著影响。②高频词的选定方面。若仅根据频次阈值选择高频词，并以此为基础进行共词分析用以揭示领域的结构或研究热点，可能导致研究结论与实践存在一定的偏差。③术语相关性计算方面。要重视术语之间不仅存在直接的共现关系，还存在间接的语义相关，以及需对术语的相关性特征如传递性、层次性和领域性进行分析。他们也对未来的研究方向提出了建议：①应考虑文献中术语间的位置关系、概念关系、数量关系、变异关系以及共现关系等多种类型的关系；②应该重视研究兴趣的相似性也是存在方向性的。

得益于李纲等人研究的启发，熊回香及其团队也进行了对关键词特征的研究[2]，通过对关键词词频特征及语义类型特征的选择筛选，实现了基于关键词的科技文献聚类，并探讨了关键词特征对文献聚类效果的影响。从研究结果来看，以关键词频次特征而言，次高频词较为适合进行文献特征表示；以关键词语义类型特征而言，基于单一类型关键词的效果优于混合不同语义类型的关键词的效果。进一步论证了不同语义类型的关键词之间存在互斥性这一结论，并提出要想优化关键词共现网络分析方法，离不开对关键词语义类型的挖掘以及对关键词之间语义结构的分析。

基于之前的研究结论，本书认为为了更好地利用关键词网络分析方法，必须对关键词的语义类型进行挖掘，此外，关键词之间存在的同类互斥性等问题，也是进行跨学科知识组合识别时必须面对的难题，因此，在进行关键词共现网络分析之前，应结合统计分析、语言模型、机器学习及深度学习等方法对关键词进行语义类型的分类，从而实现同类型或不同类型关键词之间的共现网络分析。例如，若将关键词分类为目的类关键词与方法类关键词，就能基于关键词类型分别构建目的类关键词网络与方法类关键词网络，从而更为清晰地对同类关键词之间的关系进行挖掘。因为关键词之间存在的互斥性，直接基于关键词网络挖掘某一类型的知识（如方法类关键词网络）与其他类型关键词间的关联，得到的结果通常是具有互补性的知识而不是具有递进性、上下关系的知识，这极大地限制了知识的挖

---

[1] 李纲, 巴志超. 共词分析过程中的若干问题研究[J]. 中国图书馆学报, 2017, 43(4): 93-113.
[2] 叶佳鑫, 熊回香, 杨滋荣, 等. 关键词词频及语义特征对科技文献聚类的影响研究[J]. 情报科学, 2021, 39(8): 156-163.

掘效果。特别是在跨学科研究当中，学者在引用跨学科知识时，其主要的目的一是引用其他学科的方法、理论或技术来解决本学科的问题，另一主要目的则是通过其他学科知识来开拓视野，启迪研究思路，关键词语义类型的挖掘无疑对以上目的具有重大推动作用。在实现关键词语义类型挖掘的基础上，可以进一步通过同类知识间的共现关系来找到可以进行组合的跨学科知识，从而提高解决跨学科问题的效率与效果。此外，关键词语义类型挖掘也是解决关键词互斥性问题的有效途径，在通过其他类型的关键词来表达某一类关键词的特征的基础上，可以进一步通过关键词间接共现网络来挖掘具有递进关系的知识间关联。例如，对于特定的研究问题 A，研究方法 M_1 与 M_2 是存在递进关系的用于应对研究问题 A 的同类知识，即 M_1 是在相对靠前的时间段内用于解决研究问题 A 的方法，M_2 是在相对靠后的时间段内用于解决研究问题 A 的方法，在数量众多的实证性研究文献中，M_1 与 M_2 因存在互斥性问题而难以同时出现，导致通过共现网络分析方法也难以挖掘其关联，但以研究问题 A 为媒介，则可以通过间接共现的方法挖掘 M_1 与 M_2 之间的关联，从而找出具有递进关系的知识对。这种基于关键词语义类型挖掘的关键词共现网络分析方法必将在知识挖掘研究，特别是跨学科知识挖掘研究中发挥极大的作用。

2.2　关键词引文网络

关键词引文网络也可称为关键词引用网络，是指基于关键词之间的引文关系而形成的关键词网络[①]。与关键词共现网络相比，关键词引文网络的一个显著区别在于其中关键词之间的连接关系具有方向性，从而使得生成的关键词网络包含更多的关联信息。假设存在科技文献 A 和科技文献 B，科技文献 A 中包含关键词 K_1 与关键词 K_2，科技文献 B 中包含关键词 K_2 与关键词 K_3，且科技文献 A 对科技文献 B 进行了引用。那么基于关键词之间的间接共现关系来构建包含关键词 K_1、关键词 K_2 和关键词 K_3 的关键词网络，则能得到以关键词 K_2 为媒介，链接关键词 K_1 与关键词 K_3 的网络路径，如图 2.1 所示。基于关键词之间的引文关系来构建包含关键词 K_1、关键词 K_2 和关键词 K_3 的关键词网络，则能得到以引文关系为媒介，链接关键词 K_1、关键词 K_2 与关键词 K_3 的关键词网络路径，如图 2.2 所示。

---

① Cheng Q, Wang J, Lu W, et al. Keyword–citation–keyword network: A new perspective of discipline knowledge structure analysis[J]. Scientometrics, 2020, 124(3): 1923–1943.

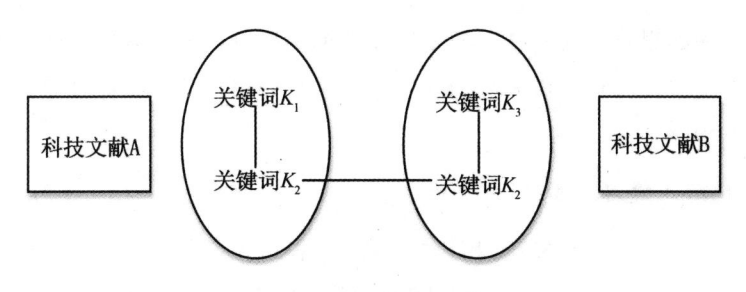

图 2.1 关键词间接共现网络

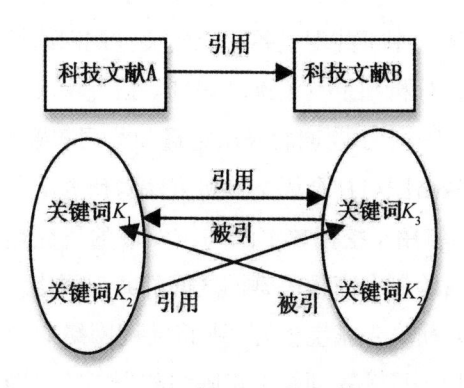

图 2.2 关键词引文网络

如图 2.1 与图 2.2 所示，在基于间接共现关系形成的关键词网络中，以关键词 K_2 为媒介，关键词 K_1 与关键词 K_3 形成了无方向性的共现关系。而在基于引文关系形成的关键词网络中，基于科技文献 A 对科技文献 B 的引用，关键词 K_1 与关键词 K_3 之间形成了引用关系，关键词 K_3 与关键词 K_1 之间形成了被引用关系，此外，关键词 K_2 与关键词 K_3 之间形成了引用关系，关键词 K_2 与关键词 K_1 之间则形成了被引用关系。对比两个网络可以发现，基于引文关系而形成的网络，其网络中的关键词之间关系的复杂程度远高于基于共现关系而形成的网络，这一方面是对关键词之间的关系进行更深层次的挖掘，但是另一方面却将导致挖掘成本的提高，因此在大多数情况下，首先还是要通过关键词之间的共现关系来对关键词之间的关联进行挖掘。在本书中，关键词引文网络分析方法主要作为关键词共现网络分析方法的补充，其主要作用在于表示知识之间的跨学科引用方向，并评价知识的跨学科引用强度。

2.3 关键词网络与知识识别

目前国内外与跨学科知识识别直接相关的研究较少，尚未形成较为完善的研究体系，但已有研究所采用的思路较为一致,即采用关键词网络分析方法来解决跨学科知识识别问题。本节主要对关键词网络分析方法的发展趋势进行介绍,并简要阐述这类方法在知识识别研究中的应用现状。

1. 基于共现的关键词网络

在本书中,共现是指不同关键词同时出现在一篇科技文献中的现象,若两个关键词同时作为一篇科技文献的关键词出现,则认为这两个关键词具有共现关系。此外,若通过关键词抽取方法从一篇文献的题名、摘要或是全文中抽取出多个关键词,则可认为这些关键词也具有共现关系。一般地,基于共现关系形成的关键词网络可以简称为共词网络,其在热点分析、主题发现、脉络分析和重点关键词识别等研究中具有广泛应用。

Liu 等[1]从文献中提取出医学主题词后采用定量和共词双聚类分析方法对护理领域的研究热点进行挖掘,并结合战略图与社会网络分析方法对研究的发展趋势与知识结构进行分析;殷沈琴等[2]将共词网络应用于挖掘数字图书馆领域的研究热点,在通过统计方法识别出领域中的高频关键词之后绘制了高频关键词之间的共现网络,通过多维尺度分析法发现了领域内不同时间段的热点研究;张宝生等[3]则将共词网络应用于文化创意产业,在关键词共现矩阵的基础上分别构建了关键词相关矩阵与相异矩阵,随后通过相关矩阵与聚类分析方法挖掘重点类簇,通过相异矩阵与多维尺度分析法探寻关键词间的关联,最后结合分析结果实现了热点发现。

丁晟春等[4]将关键词共现与社会网络分析相结合,以关键词为节点、词间共现关系作为边,共现频次作为权重构建了共词网络,根据网络中节点距离实现了对潜在主题的抽取;张金柱等[5]研究了云计算领域中的主题突变情况,以领域内的共词网络作为分析对象,首先借助社团结构发现算法得到初始主题,随后根据社团中连边的变化来判断社团结构的变化,最后将社团的临界变化与主题突变相对应,从而探测主题突变的发生。

---

[1] Liu Y, Li X, Ma L, et al. Mapping theme trends and knowledge structures of dignity in nursing: A quantitative and co-word biclustering analysis[J]. Journal of Advanced Nursing, 2022, 78(7): 1980-1989.

[2] 殷沈琴, 张计龙, 任磊. 基于关键词共现和社会网络分析法的数字图书馆研究热点分析[J]. 大学图书馆学报, 2011, 29(4): 25-30, 38.

[3] 张宝生, 张思明. 基于关键词共现和社会网络分析法的文化创意产业研究热点分析[J]. 图书情报工作, 2016, 60(S1): 121-126, 144.

[4] 丁晟春, 王鹏鹏, 龚思兰. 基于社区发现和关键词共现的网络舆情潜在主题发现研究——以新浪微博魏则西事件为例[J]. 情报科学, 2018, 36(7): 78-84.

[5] 张金柱, 刘菁婕, 吕品. 基于社团结构动态演化的主题突变实时监测研究[J]. 情报理论与实践, 2019, 42(7): 151-157.

Wang等[1]设计了一个基于动态共词网络的主题演变分析方法,采用冲击图与着色网络,从宏观与微观层面进行了主题演化脉络的观测;彭陶等[2]基于关键词共现关系构建了图书情报学领域的关键词概念网络,并发现网络具有无尺度、小世界等复杂网络特征,通过复杂网络分析方法对关键词网络进行优化后,采用统计分析、聚类分析实现了关键词聚类图谱的构建,最后通过历时分析方法对不同年份的聚类图谱进行对比,展示了领域内概念的演化路径;王婧媛等[3]采用双图叠加方法对不同阶段的共现网络进行叠加,构建了关键词共现叠加图谱,随后通过对比叠加图谱中的叠加图与底图,探究了各个阶段的研究重点与脉络演进过程。

Mokhtarpour等[4]结合共词网络与社会网络分析方法对图书情报学科的概率与主题结构进行分析,识别出了网络中的重要节点;于丰畅等[5]基于基础词汇具有词频较低及中心度较高的特征,通过统计不同时间窗内关键词的词频,并将词频与通过PangRank算法得到的中心度进行联合分析,实现了共词网络视角下的基础词汇发现;魏玉梅等[6]从个体统计信息、知识关联广度、关联关系质量和全网结构特征四个维度出发,探讨了共词网络视角下的重要关键词提取方法,总结了不同方法的适用范围。

基于共现的关键词网络分析方法可以有效识别研究中的热点以及挖掘、分析关键词之间的演化关系。但共词分析也自有其局限性,即共词分析在考虑关键词语义特征及频次特征时存在一定的局限性,此外,因同一篇文献中常存在仅采用单一方法或技术的现象,共词分析在挖掘同类关键词之间的关系上也存在较大不足[7]。

2. 基于引文的关键词网络

本书将通过文献之间的引用、共被引或耦合等关系构建的关键词网络称为基于引文的关键词网络。与基于共现建立的关键词无向关系不同,基于引文建立的关键词关系由于引

---

[1] Wang X, Cheng Q, Lu W. Analyzing evolution of research topics with NEViewer: a new method based on dynamic co-word networks[J]. Scientometrics, 2014, 101(2): 1253-1271.

[2] 彭陶,王建冬,孙慧明. 基于关键词共现网络的我国图书情报领域近三十年学科发展脉络分析[J]. 大学图书馆学报, 2012, 30(2): 29-34.

[3] 王婧媛,吴爱芝,王延飞. 基于情报感知的领域内容演化脉络分析——以信息服务为例[J]. 图书情报知识, 2019(6): 93-101.

[4] Mokhtarpour R, Khasseh A A. Twenty-six years of LIS research focus and hot spots, 1990 - 2016: A co-word analysis[J]. Journal of Information Science, 2021, 47(6): 794-808.

[5] 于丰畅,陆伟. 关键词共现网络视角下的学科基础词汇发现[J]. 图书情报工作, 2019, 63(9): 95-100.

[6] 魏玉梅,滕广青. 网络视域下领域重要关键词提取方法的比较研究[J]. 情报资料工作, 2020, 41(3): 97-104.

[7] 李纲,巴志超. 共词分析过程中的若干问题研究[J]. 中国图书馆学报, 2017, 43(4): 93-113.

用、共被引与耦合而具有方向性。

通过文献引用关系构建的关键词网络可称为关键词引用网络。许鑫等[1]在构建关键词网络时将基于引用而产生的关键词间关系视为关键词间接共现关系，通过间接共现关系建立了施引文献关键词网络与引文文本关键词网络用于研究热点挖掘与知识扩散分析；程齐凯等[2]将引文网络引入共词分析中，建立了关键词之间的引用共词网络，并通过PangRank方法进行了网络节点分析，从而发现领域基础词汇；在后续工作中，程齐凯等[3]进一步将引用共词网络应用到学科知识结构的分析，挖掘了计算机领域学科知识间的关联；王佳敏等[4]在关键词引用网络的基础上进一步对关键词的词汇功能以及引用动机进行了识别，结合复杂网络图方法进行了领域知识的多维分析。

通过文献共被引关系构建的关键词网络可称为关键词共被引网络。黄文彬等[5]通过对传统的共引分析方法进行拓展，提出了关键词共引分析方法，若两个关键词被其他文献同时引用，则可视为关键词之间具有共被引关系，通过共被引关系构建的关键词共被引网络可用于研究热点挖掘与重要知识发现等工作。

通过文献耦合关系构建的关键词网络可称为关键词耦合网络。Hsiao等[6]借鉴关键词共引网络的思想，引入文献耦合进行了关键词关系挖掘，并将该方法称为关键词耦合分析。并在后续研究中[7]将文献耦合引入关键词网络分析中，基于文献耦合挖掘了关键词间的耦合关系，并以此建立了关键词耦合网络，通过耦合网络进行了图书情报领域研究趋势分析与发展脉络探测。

从现有的研究来看，引文分析方法已经逐步被引入关键词网络研究中，其引入不仅拓展了关键词网络的研究范围，还将关键词作为引文网络的分析单元，实现了细粒度的网络

---

[1] 许鑫, 陈路遥, 杨佳颖. 数字人文研究领域的知识网络演化——基于题录信息和引文上下文的关键词共词分析[J]. 情报学报, 2019, 38(3): 322-334.

[2] 程齐凯, 王佳敏, 陆伟. 基于引用共词网络的领域基础词汇发现研究[J]. 数据分析与知识发现, 2019, 3(6): 57-65.

[3] Cheng Q, Wang J, Lu W, et al. Keyword-citation-keyword network: A new perspective of discipline knowledge structure analysis[J]. Scientometrics, 2020, 124(3): 1923-1943.

[4] 王佳敏, 陆伟, 程齐凯, 等. 基于细粒度关键词引用网络的领域知识多维分析[J]. 情报学报, 2022, 41(7): 733-744.

[5] 黄文彬, 王冰璐, 步一, 等. 关键词共引分析的科学计量方法研究[J]. 情报资料工作, 2018, 221(2): 37-42.

[6] Hsiao T M, Chen K. Word bibliographic coupling: Another way to map science field and identify core references[J]. Proceedings of the Association for Information Science and Technology, 2019, 56(1): 107-116.

[7] Hsiao T M, Chen K. The dynamics of research subfields for library and information science: an investigation based on word bibliographic coupling[J]. Scientometrics, 2020, 125(1): 717-737.

构建，进一步加深了研究深度。但是，目前基于引文的关键词网络主要还是侧重于对引用关系的利用，而对于共被引及耦合关系的挖掘及分析则有待加强。

3. **关键词网络在跨学科知识识别中的应用**

目前，李长玲及其团队已进行了关键词网络分析方法在跨学科知识识别研究中的应用尝试。他们先后基于弱引文关系[①]、多路径分析[②]与社交媒体弱关系[③]等理论与方法进行了跨学科知识组合的识别，其研究分别聚焦于对文献引文网络与用户关系网络的分析，识别出了主题-方法与主题-理论等知识组合。

从李长玲团队所取得的成果来看，关键词网络分析方法在跨学科知识识别研究中能发挥较为明显的作用。值得注意的是，在使用关键词网络分析方法时，若缺少对知识语义类型等特征的分析则会存在难以辨析语义类型相同的知识间关系等问题，进而导致知识识别特别是知识组合识别的结果不全面。因此，为了更好地进行关键词网络分析方法在跨学科知识识别研究中的应用，很有必要引入关键词语义类型挖掘等相关方法。

---

① 牌艳欣，李长玲，徐璐. 弱引文关系视角下跨学科相关知识组合识别方法探讨——以情报学为例[J]. 图书情报工作，2020，64(21)：111-119.
② 荣国阳，李长玲，范晴晴，等. 基于多路径分析的跨学科知识组合识别——以引文分析领域为例[J]. 情报理论与实践，2022，45(6)：17-23.
③ 李长玲，牌艳欣，荣国阳，等. 基于社交媒体弱关系的跨学科相关知识组合识别[J]. 情报理论与实践，2022，45(3)：125-132.

第3章 信息计量视角下的跨学科研究

3.1 布拉德福定律

布拉德福定律是文献计量学的重要定律之一,它和洛特卡定律、齐普夫定律一起被称为文献计量学的三大定律[①]。布拉德福定律由英国著名的文献学家布拉德福在研究文献的分散规律时提出的,该定律揭示了文献的集中与分散规律。布拉德福将期刊按照论文载文量的多少以渐减的顺序排列后,通过区域分析、图像分析与数学推导三种方法进行了研究,发现每个学科期刊各区的论文数大体相等,相继各区的期刊数基本成等比数列这一重要规律。在提出之后,布拉德福定律在确定核心期刊、优化馆藏和检索文献等方面持续发挥着重要作用。布拉德福定律的产生主要缘于布拉德福在科学研究与文献工作中的发现,通过长期研究,他发现论文在期刊杂志中存在着明显的分散现象,且论文的分散也存在着一定的跨学科情况。例如,控制论的论文会发表在神经科学的杂志上,关于心脏机械的论文会出现在物理学的杂志上等。为了研究清楚科学文献的分散并总结其分散规律,他一步一步地对该问题进行推导,认为文献分散离不开科学统一性原则,统计学方法应是研究该问题的有效手段。布拉德福认为按照统一性的原则,不同学科之间或多或少都会与其他学科间存在一定的关联,因此也导致了一个学科所属的文献会出现在其他学科的杂志上。布拉德福认为主要问题是研究清楚,学科与学科间的关系是否会影响到文献的分布情况,文献的分散存在哪些特点。通过不断的研究与尝试,布拉德福指出:一种专门面向一个专业学科的期刊可以含有对别的学科有用的论文。因此,一个学科的论文除了分布在该学科所属

[①] 鞠邦男,袁军鹏. 对我国布拉德福定律研究文献的科学计量研究[J]. 现代情报,2010,30(11):109-112.

的期刊杂志上，也会分布在其他学科的期刊杂志上，且其他学科上该类论文的数量应与学科之间的关联关系成正比。此外，布拉德福还认为会有若干期刊所刊载的内容更贴近于某个学科，与此同时，有数量更多的期刊所刊载的内容离这个学科相对较远，前者可被称为该学科内的核心期刊，基于该理念，布拉德福产生了将期刊划分为不同区域的想法。

布拉德福对科学文献进行了大量的统计研究，并在此基础上经过数学推导得出与上理论推导一致的结论，从而奠定了布拉德福文献分散定律的产生基础。布拉德福定律的文字表述为："如果将科技期刊按其刊载某专业论文的数量多寡以递减顺序排列则可分出一个核心区和相继的几个区域。每区刊载的论文量相等，此时核心期刊和相继区域期刊数量成 $1:n:n^2$ 的关系。"

本书研究将主要借鉴布拉德福定律用于考察期刊或专著分布的用途。例如，Worthen 对 1965—1970 年和 1971 年美国国家医学图书馆的《每个 NLM 最新目录》中 5 个标题下的专著及其出版者进行了统计[1]，发现专著数量对其出版者的分布基本上符合布拉德福分布，其研究结果如表 3.1~表 3.3 所示。从表中可以看出，7 个布拉德福分区中的专著数量较为接近，而出版者的数量呈递增之势，这种递增的程度可通过布拉德福常数来描述[2]。第 1 个布拉德福分区中出版专著数最多的 5 个出版者共出版专著 113 篇，第 7 个布拉德福分区中出版专著数最少的 120 个出版者共出版专著 120 篇，不同出版者之间的产能存在巨大差异。

表 3.1 专著所属主题

主题	出版者数量	专著数量
心血管病	179	255
心脏病	154	220
脑血管病	86	127
脉管病	87	105
心律不齐	51	63
总数	557	770

表 3.2 专著布拉德福分区

布拉德福分区	专著数	出版者	布拉德福常数
1	113	5	1.7

---

[1] Worthen D B. The application of Bradford's law to monographs[J]. Journal of Documentation, 1975, 31(1): 19-25.
[2] 邱均平. 信息计量学概论[M]. 武汉：武汉大学出版社，2019.

续表

布拉德福分区	专著数	出版者	布拉德福常数
2	113	10	2.0
3	111	17	1.7
4	111	28	1.6
5	106	50	1.7
6	96	96	1.9
7	120	120	1.3
			平均 1.7

表 3.3 出版者对应的专著数

出版者	每个出版者的专著数
1	41
1	20
1	19
1	17
1	16
1	15
1	14
3	11
3	9
2	8
7	7
9	6
8	5
11	4
15	3
44	2
216	1

基于对布拉德福定律形成过程的分析，可以发现推动布拉德福定律形成的重要思想、布拉德福定律存在的一些主要问题，以及需要继续探索的区域。基于布拉德福对布拉德福

定律进行思考及归纳的过程，可以发现布拉德福定律的形成离不开几个重要现象与猜想：①论文在期刊杂志中存在着明显的分散现象与一定的跨学科情况；②基于不同学科之间的关联，一个学科所属的文献会出现在其他学科的期刊上；③会有若干期刊的内容贴近于某个学科，从而形成学科内的核心期刊。

此外，虽然布拉德福定律确定于地球物理学与润滑剂两个领域，但布拉德福定律也具有普遍性，即适用于多个学科。相关学者对布拉德福定律在不同学科的应用进行了分析与探讨，K. C. Garg 等[1]将布拉德福定律应用于太阳能领域期刊的分析与统计；Marie-Lise Antoun Shams[2] 验证了布拉德福定律在护师领域的应用；Eto H 等[3]则发现布拉德福定律可单独运用于对外围区的分析。布拉德福定律还可应用于分析网页或网站的集中与分散程度[4][5]，也可用于对领域内核心作者与高被引作者的挖掘[6]。在提供信息内容[7]与研究学者的论文分布[8]等方面，布拉德福定律也能发挥一定的作用。

此外，也有一些学者指出了布拉德福定律在应用时存在的问题。何荣利等[9]提出科学技术的发展带动了学科之间知识的交叉渗透，也使得科技文献的分布情况发生变化，相邻的布拉德福分区间的期刊数量比例可能不是一个常数或接近常数的值，文献分布曲线也不一定会出现明显的拐点。因此，在应用布拉德福定律时应灵活变通，而不能将布拉德福定律视为永远不变的真理，要学会用发展变化的眼光看问题。易祖民[10]提出在应用布拉德福

---

[1] Garg K, Sharma P, Sharma L. Bradford's law in relation to the evolution of a field. A case study of solar power research[J]. Scientometrics, 1993, 27(2): 145-156.

[2] Shams M L A, Dixon L S. Mapping selected general literature of international nursing[J]. Journal of the Medical Library Association, 2007, 95(1): e1.

[3] Eto H, Candelaria P. Applicability of the Bradford distribution to international science and technology indicators[J]. Scientometrics, 1987, 11(1-2): 27-42.

[4] Dhyani D, Bhowmick S S, Ng W K. Web informetrics: extending classical informetrics to the Web[C]. Proceedings. 13th International Workshop on Database and Expert Systems Applications. IEEE, 2002: 351-355.

[5] Faba-Pérez C, Guerrero-Bote V P, Moya-Anegón F. "Sitation" distributions and Bradford's law in a closed Web space[J]. Journal of Documentation, 2003, 59(5): 558-580.

[6] Chung Y. Bradford distribution and core authors in classification systems literature[J]. Scientometrics, 1994, 29(2): 253-269.

[7] von Ungern-Sternberg S. Bradford's law in the context of information provision[J]. Scientometrics, 2000, 49(1): 161-186.

[8] Bonitz M. Evidence for the invalidity of the Bradford law for the single scientist[J]. Scientometrics, 1980, 2(3): 203-214.

[9] 何荣利, 黄振文. 关于布拉德福定律中的两个问题[J]. 中国科技期刊研究, 2009, 20(6): 1078-1080.

[10] 易祖民. 对布拉德福定律合理性的思考[J]. 农业图书情报学刊, 2011, 23(1): 146-148, 179.

定律时，除了要注意图像法与区域法的矛盾研究以及定律的应用条件之外，还需注意到技术、统计对象、学科变化、时间与范围划分、因素缺少及数学模型滥用等问题。

综上，随着研究的不断发展，布拉德福定律除了用于分析特定领域的期刊或著作的集中与分散情况之外，还能用于对多个领域期刊的分析，用于对特定区域的分析，也可以用于分析互联网上的网页与网站，此外也能间接地对与期刊或著作相关的学者进行分析。布拉德福定律应用场景虽然多样，但也能看出，这些场景的特征基本符合布拉德福定律形成时所依托的现象与猜想。此外，对目前布拉德福定律的研究对象进行总结，可以发现目前的研究对象都是在期刊或著作的基础上进行扩展，例如通过布拉德福定律来挖掘核心学者时是依靠于对学者发表的科技文献的分析，在分析网页与网站时也是基于网页、网站与期刊、著作具有相似的吸附知识的特征。据此可以推断，布拉德福定律应该具有应用于所有与期刊、著作具有关联或存在相似特征的对象中的可能性。基于布拉德福定律可以应用到特定区域这一发现，也能提出布拉德福定律具有分析特定期刊，甚至是分析期刊所载有的特定主题知识的合理猜想。

基于对布拉德福定律的形成、应用及不足的探讨与归纳，本书认为只要合理注意布拉德福定律的应用限制，并对其进行相应改进，就能将布拉德福定律应用于跨学科研究中。分析期刊的集中与分散规律是布拉德福定律的常用场景之一，本书以其为起点，认为布拉德福定律也能用于研究与跨学科知识相关的期刊的集中与分散规律，并且通过对该规律的研究能实现对跨学科核心期刊的确定，也能基于此来研究跨学科知识的集中与分散情况，甚至是进行跨学科研究中的核心学者的情况分析。

3.2 文献增长与老化规律

1. 文献增长规律

文献增长规律是描述文献数量增长规律的定律[①]。美国文献学家普赖斯提出，文献的增长与时间成指数函数关系。其表达式为 $F(t)=ae^{bt}$。其中，$F(t)$ 表示文献量，它是时间 t 的函数，a 是统计的初始时刻（即 $t=0$）的文献量；e 是自然对数的底（$e=2.718\cdots$）；b 是时间常数（持续增长率）。他据此绘制出著名的普赖斯曲线（见图3.1）。指数增长率虽然在过去得到了较好的应用，但若直接将其应用于对当今情况的分析，则会存在一些问题。例如，若按指数增长速率，文献数量将很快达到天文数字，这显然是不可能的。考虑到某些

---

① 邱均平. 信息计量学概论[M]. 武汉：武汉大学出版社，2019.

因素，如文献的老化及智力和经济等方面的变化对文献增长的影响，有的学者提出科技文献量是按逻辑曲线增长的理论，其表达式为 $F(t) = \dfrac{K}{1 + a \cdot e^{-kbt}}$。其中，$K$ 是上限，即文献增长的最大值。从逻辑曲线来看，科技文献在初始阶段其增长趋势符合指数规律，但该趋势不会一直维持，而是在文献量达到 K 值的一半时，增长率开始降低，随后呈缓慢增长的趋势，并以 K 为极限。它与普赖斯曲线相比，较符合客观实际，但仍有一定局限性，即随着年代的增长，当科学发展到一定阶段时，科技文献的增长率为零，这时科技文献总数达到最大值 K，这明显不符合实际情况。

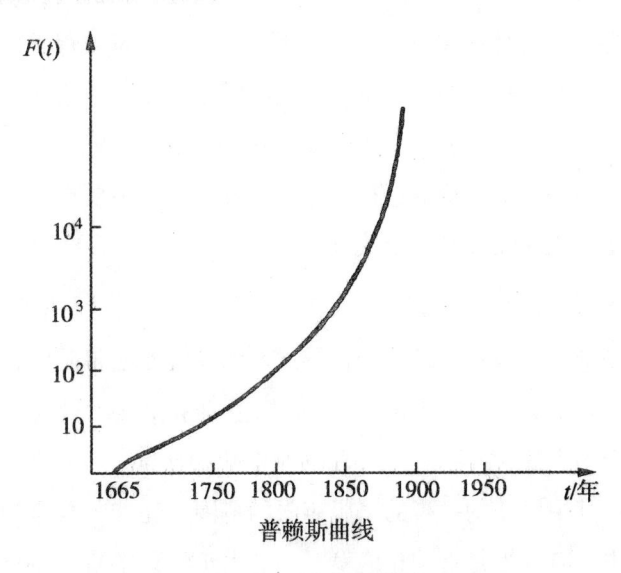

图 3.1 普赖斯曲线

为了进一步推动文献增长规律的应用与发展，有学者通过参数改进、建立模型等方法探讨了文献增长规律的改进思路。邱均平对相关研究进行了总结，并将其分为 4 类模型[①]：①线性增长模型。有些知识领域内的文献既不遵循指数曲线增长模式，也不符合逻辑曲线增长模式，而是呈现出直线增长模式。②分级滑动指数模型。美国科学史家和情报学家勒希尔(Rescher)提出了描述科学文献增长规律的分级滑动指数模型。引入一个文献质量等级指标 λ，在不同质量级别上，文献的数量和增长速度是不相同的。③超函数模型。原苏联情报学家吉利亚列夫斯基(Р. С. Гиляревский)等认为，科学期刊论文数量的增长应考虑期刊论文分散这一因素，即处于布拉德福分布的不同等级区域内的期刊论文数量的增长是不同的。④舍-布增长模型。普赖斯和勒希尔等人认为，文献的增加应是"减少的增加"，

---

① 邱均平. 信息计量学(二) 第二讲 文献信息增长规律与应用[J]. 情报理论与实践，2000(2)：153-157.

即相对增长率是随着时间 t 的增加或文献总量的增大而减小的。此外，原苏联情报学家舍斯托帕尔(В. М. Щестопал)和布尔罗(П. Н. Бурман)从上述观点出发，提出了舍-布增长模型，将文献增长率视为一个变量来研究文献的增长规律。[①②③④]

通过对之前的研究进行总结，不难发现科学文献虽然可能呈现不同的增长规律，例如逻辑曲线规律、线性规律等，但不同的模式也表明了科技文献所拥有的一个特征，即科技文献数量会随着时间增长，但是增长的过程和速度存在差异。科技文献作为知识的载体，其所具备的特征也是知识特征的一部分表现。对于跨学科知识而言，跨学科知识应分布在一些特定的具有跨学科特征的期刊上，这些期刊也会满足文献的增长规律，即跨学科知识也会具备一定增长规律，尤其是在被跨学科引用后，因为知识被跨学科引用的目的就在于去解决当前时间内依据本学科知识难以单独解决的问题，故跨学科知识被引用后通常会马上应用于解决相应问题，因此，自被引用起跨学科知识就有极大可能会存在一个增长周期，在这个周期内跨学科知识的价值会得到持续的发挥。而想要更好地对跨学科价值进行利用，了解其价值增长周期无疑是一个关键点。

2. 文献老化规律

文献老化规律是指已发表的文献由于科学技术的发展而变得陈旧过时，因而失去其价值的现象[⑤]，它是文献情报流通的规律之一。人们主要根据文献被使用的情况来判定它是否老化，并借用物理学中的"半衰期"来衡量文献老化的速度。半衰期指一年内所引用的某学科的全部文献中，其中较新的一半的出版年限的范围。比如，半衰期为5年，即表示此学科被引用的文献中，有一半是近5年内发表的。由于学科本身的特点、发展和文献增长情况等，都会影响半衰期的长短，因而不同学科的半衰期不尽相同，甚至有很大差异。值得注意的是，文献是否被引用的原因相当复杂，不被引用并不一定表明它是无用的。因此半衰期等文献老化速度的指标只能是概略性的，而不是指个别的或某一组文献。研究文献老化，对于改进图书情报领域的馆藏建设、排架流通等工作，以及更好地为用户服务，是有指导意义的。

---

① Wagner-Döbler R. Rescher's principle of decreasing marginal returns of scientific research[J]. Scientometrics, 2001, 50: 419-436.

② Oluić-Vukovićc V. Bradford's distribution: From the classical bibliometric "law" to the more general stochastic models[J]. Journal of the American Society for Information Science, 1997, 48(9): 833-842.

③ Braga G M. Informação, ciência, política científica: o pensamento de Derek de Solla Price[J]. Ciência da Informação, 1974, 3(2).

④ Su Y, Han L F. A new literature growth model: Variable exponential growth law of literature[J]. Scientometrics, 1998, 42(2): 259-265.

⑤ 邱均平. 信息计量学概论[M]. 武汉: 武汉大学出版社, 2019.

在国内，邱均平将文献老化规律的研究分为三个方面[①]：一是文献老化理论研究，二是研究方法和定量描述方法的研究，三是文献老化的应用研究。其中应用研究主要集中在三个部分：一是图书馆馆藏文献老化研究。例如，陈雅迪等[②]通过时间序列、Fisher 最优分割等方法归纳了高借阅型馆藏的生命周期规律，并以此来调整馆藏布局。二是网络文献老化研究。马费成等[③]以国内外的各种学术门户网站为研究对象，通过引文分析等方法进行了网络信息的生命周期研究。三是学科文献的老化研究。在国外，U. Gupta[④]通过引文共时法对物理领域文献的老化规律进行了分析；V. Diodato[⑤]研究了音乐领域文献的老化。在国内，朱红艳等[⑥]通过共时法分析了 Web 环境下图情领域的文献老化规律；陈立新等[⑦]以科学引文索引(SCIE)为数据源，探究了力学领域文献老化速度的变化趋势。

通过对上述文献进行总结，可以发现文献老化的研究对象囊括了图书、期刊和网络资源等各种对象，研究方法主要以定量描述方法为主，应用方向主要集中于指导馆藏优化、了解信息生命周期以及提高文献利用率等。林辉等提出"假设科技文献老化而引起被引用的文献量之衰减，那么被引用的文献量衰减问题也是由于科献老化问题"[⑧]，依据这个理论，可以进行猜想，知识量的衰减也与科技文献的老化存在重要关联。因此，除了文献增长规律，文献老化规律也将在跨学科知识价值的挖掘中扮演重要角色。跨学科知识在离开其生长的土壤，来到新的学科之后其是否会更容易进入半衰期而失去相应的价值？又或者得益于来到新的环境，跨学科知识与其他知识之间的关联是否会更容易被发现？是否会产生一些新的知识应用方法与组合，从而导致跨学科知识的半衰期得以延长？跨学科知识的老化规律，也是开发跨学科知识价值时需重点考虑的因素。

---

① 邱均平，宋艳辉，杨思洛. 国内人文社会科学文献老化规律对比研究——基于 Web 新形势下的研究[J]. 中国图书馆学报，2011，37(5)：26-35.
② 陈雅迪，李娟，梁栋，等. 基于借阅曲线分析的高借阅型馆藏生命周期研究[J]. 大学图书馆学报，2021，39(2)：35-44.
③ 马费成，夏永红. 网络信息的生命周期实证研究[J]. 情报理论与实践，2009，32(6)：1-7.
④ Gupta U. Obsolescence of physics literature: Exponential decrease of the density of citations to Physical Review articles with age[J]. Journal of the American Society for information Science, 1990, 41(4): 282-287.
⑤ Diodato V, Smith F. Obsolescence of music literature[J]. Journal of the American Society for Information Science, 1993, 44(2): 101-112.
⑥ 朱红艳，都平平. Web 新环境下图书情报与档案管理学科老化规律研究[J]. 情报科学，2014，32(6)：109-113.
⑦ 陈立新，梁立明，刘则渊. 力学文献老化速度 50 年(1954—2003)的变化趋势[J]. 现代情报，2006，26(10)：12-15.
⑧ 林辉，林伟. 科学文献的增长规律和老化规律及其新的一般模型[J]. 情报杂志，2010，29(4)：22-25.

3.3 普赖斯定律

普赖斯定律常用于挖掘核心作者,该定律认为撰写全部论文一半的高产学者的数量等于全部科学学者的平方根,且高产学者可被视为核心作者[1]。公式表示为 $\sum_{m+1}^{i} n(x) = \sqrt{N}$,$n(x)$ 为撰写 x 篇论文的学者数,$i = n_{max}$ 为领域内最高产学者的论文数,N 为学者总数。

学者在应用普赖斯定律时主要是将其应用于核心学者的挖掘,例如钟文娟[2]在普赖斯定律的基础上提出选取核心作者应综合考虑学者的发文量与被引量,从而制定了核心学者的筛选标准:最低发文量标准与最低被引量标准,并与普赖斯定律结合挖掘了核心学者;宗淑萍[3]将普赖斯定律与综合指数法进行综合实现了核心学者的筛选,综合指数法以正负均值为基准,对两个或多个不同计量单位指标进行标准化处理,随后分析各指标的重要性,通过分配权重并加权形成一个综合评价指标。通过综合指数法对基于普赖斯定律得到的核心学者候选人的发文量与被引量情况进行综合分析,可以得到同时考虑发文与被引的核心学者;姚雪等[4]通过综合普赖斯定律与二八定律的筛选结果从而确定核心学者。

从普赖斯定律的相关应用方向可以看出,普赖斯定律主要还是应用于对学者、作者的发文情况的分析,在使用时,也会通过与其他方法的筛选结果进行结合来实现优化。本书认为,普赖斯定律与其他的信息计量学相关定律一样,具有扩展研究对象的可行性。普赖斯定律的形成本质上还是源于统计学思想,从这个角度来说,只要是与学者具有相似的分布特征,并且符合统计学规律的对象都能尝试用普赖斯定律进行分析。本书认为,学者与其发布的科技文献之间具有不可分割性,而科技文献又是知识的载体,因此知识的分布规律也存在用普赖斯定律进行分析的可能。对于跨学科知识而言,每个跨学科知识之间的跨学科价值应存在一定差异,在被引用后,知识的跨学科价值可以通过其与其他知识之间的关联关系来进行衡量,即被跨学科引用后与更多其他知识产生关联的知识,其跨学科价值也更高,基于普赖斯定律来分析跨学科价值可以从跨学科知识中识别出价值较大的核心跨

---

[1] 熊回香,叶佳鑫,丁玲,等. 基于改进的 h 指数的学者评价研究[J]. 情报学报,2019,38(10):1022-1029.

[2] 钟文娟. 基于普赖斯定律与综合指数法的核心作者测评——以《图书馆建设》为例[J]. 科技管理研究,2012,32(2):57-60.

[3] 宗淑萍. 基于普赖斯定律和综合指数法的核心著者测评——以《中国科技期刊研究》为例[J]. 中国科技期刊研究,2016,27(12):1310-1314.

[4] 姚雪,徐川平,李杰,等. 基于普赖斯定律和二八定律及在线投稿系统构建某科技期刊核心作者用户库[J]. 编辑学报,2017,29(1):64-66.

学科知识，从而提高跨学科研究的效率。

3.4 跨学科研究中的应用

3.4.1 跨学科学术评价研究

国内外学者在进行跨学科学术评价时，依据研究对象的差异，主要可分为对学术期刊影响力的评价、对学术成果价值的评价，以及对学术团体创新能力的评价。

在期刊评价方面，Pispiringas 等[1]在评价期刊影响力时引入了读者背景以及期刊跨学科性因素，以提升对特定群体的适用性；Veller[2] 等通过作者引用行为计算了期刊的平均异同度，借此评价期刊的跨学科性；陈卫静等[3]将学科规范化引文影响力融入 Z 指数中对其进行改进，并通过改进的 Z 指数进行了跨学科的学术期刊评价；申小曼等[4]通过期刊论文学科领域平均百分位与学科标准化影响因子指标对我国 SCI 期刊的学术影响力进行了评价；刘雪立等[5]分析了期刊引证指数的文献计量学特征，并验证了其在学术期刊跨学科影响力评价中的作用。

在学术成果评价方面，Kwon 等[6]提出一个关于信息技术课题的评价指标，通过挖掘新技术、跨学科性与知识组合间的联系评估跨学科对新课题产生的贡献；付大军等[7]以多学科的文献为对象，对 Web of science、F1000 等平台上的 5 种 Altmetrics 计量指标进行分析，

---

[1] Pispiringas L, Dervos D A, Evangelidis G. Citation based journal-to-journal associations in the microcosm of an academic libraries consortium[J]. The Journal of Academic Librarianship, 2022, 48(1): 102463.

[2] Veller M V. Identification of interdisciplinary research based upon co-cited journals[J]. Collection Building, 2019, 38(3): 68-77.

[3] 陈卫静, 张宇娥. 改进 Z 指数的跨学科期刊评价[J]. 图书馆论坛, 2021, 41(4): 102-109.

[4] 申小曼, 刘雪立, 郭佳, 等. 我国 SCI 期刊的跨学科评价: aPSA 及 cnIF 的应用[J]. 中国科技期刊研究, 2021, 32(8): 1060-1069.

[5] 刘雪立, 申小曼, 郭潇, 等. JCR 中一个新的跨学科评价指标: 期刊引证指数(JCI)及其实证研究[J]. 中国科技期刊研究, 2022, 33(3): 361-370.

[6] Kwon S, Youtie J, Porter A L. Interdisciplinary knowledge combinations and emerging technological topics: Implications for reducing uncertainties in research evaluation[J]. Research Evaluation, 2021, 30(1): 127-140.

[7] 付大军, 何海燕. 跨学科文献的多类选择性计量指标的定量比较研究[J]. 情报学报, 2015, 34(6): 600-607.

挖掘了不同指标间的关系；石丽等[①]以高被引论文为研究对象，分析了论文的跨学科性及Altmetrics指标间的相关性，探讨了跨学科性是否会改变论文的影响力。

在学术团队评价方面，Chen等[②]评估了跨学科成果的产生效率，发现对研究团队进行有效管理与评估可以提高成果生成；朱娅妮[③]通过专家评分法与层次分析法构建了跨学科团队绩效评价体系；程雪等[④]从知识互动深度、广度与时间维度出发，建立了知识互动评价体系，并通过三角模糊权重、熵权与模糊积分方法构建评价模型，以评估团队间的跨学科创新能力。

可以看出，目前跨学科学术评价的对象主要还是以期刊、论文和团队等较为直观的目标为主。同时，进行跨学科评价的目的主要是找出具有较强的跨学科特征的对象或评价某些具体对象的跨学科强度。此外，评价方法主要基于频次分析或引文分析进行，然而，基于信息计量的评价研究现在已逐步拓展到段落、句子、关键词和知识单元等更具细粒度的层面，评价的目的除了评估被评价对象的现有价值外，还需揭示其潜在价值，或是探讨布拉德福、齐夫定律、洛特卡定律等经典理论的新应用以及如何结合深度学习、知识图谱等方法与工具进行创新。跨学科学术评价的研究还处于初步阶段，在研究对象、目的与方法等方面还有极大的拓展空间。

3.4.2 跨学科知识挖掘研究

有关跨学科知识挖掘的研究可以分为跨学科规律研究与跨学科知识流动研究，其中跨学科规律研究主要是对学科之间交叉、渗透等情况的成因或结果的研究，跨学科知识流动研究则涉及学科间知识转移、扩散及交叉知识点发现等。

在跨学科规律研究方面，Chang等[⑤]通过引文分析方法对图书情报领域研究的跨学科态势进行分析，发现图书情报学科在引用其他学科文献时，偏向引用基础科学、工商管理

---

① 石丽，秦萍，李小涛. 高被引论文的跨学科性与Altmetrics指标相关性分析[J]. 情报理论与实践，2021，44(5)：60-65，91.

② Chen A, Wang X. The effect of facilitating interdisciplinary cooperation on the research productivity of university research teams: The moderating role of government assistance[J]. Research Evaluation, 2021, 30(1): 13-25.

③ 朱娅妮. 高校跨学科科技团队的绩效评价研究[J]. 科研管理，2015，36(S1)：200-204，238.

④ 程雪，张庆普. 高校跨学科创新团队知识互动程度评价研究[J]. 科技进步与对策，2019，36(16)：117-124.

⑤ Chang Y W, Huang M H. A study of the evolution of interdisciplinarity in library and information science: Using three bibliometric methods[J]. Journal of the American Society for Information Science and Technology, 2012, 63(1): 22-33.

与计算机科学的成果；Lund 等[①]研究了教育技术与图书情报领域文献之间的相互引用情况，发现两个学科间存在较为明显的互相引用；马费成等[②]通过 BI 指数对学科交叉程度进行测度，分析了人文社会科学的跨学科属性；徐晴[③]通过文献调研与定量分析方法对图书情报与其他学科间的交互情况进行分析，发现学科交互的发生多源于实用与功能的目的。

在跨学科知识流动研究方面，Yan[④]从引文分析的角度出发，通过构建引文网络展开了知识交流研究；Xue[⑤]从跨学科视角对知识转移与知识整合间的关系进行分析，发现了影响知识整合效果的重要因素；Schwartz[⑥]通过复杂网络方法挖掘了维基百科中的跨学科知识，用以揭示不同学科知识间的相互关系；邱均平[⑦]基于学者间的合作、引证及链接关系对知识交流进行了研究；王静静等[⑧]从学科聚合性、多样性与学科地位三个维度出发分析了学科的跨学科特征，发现计算机科学与图书情报学之间具有频繁的知识交流情况。

在跨学科规律研究方面，目前的研究主要还是处于较为宏观的层面，探讨的是学科与学科之间关系的挖掘，包括学科的跨学科引用偏好挖掘、跨学科互引行为挖掘、跨学科引用特征挖掘与跨学科引用目的挖掘。在跨学科知识流动方面，知识流动路径分析、知识流动影响因素分析与知识扩散机理分析是目前的研究重点。但是，目前的研究因视角较为宏观，故在应对一些较为具体的问题，例如挖掘具有高潜在价值的跨学科方法、分析方法、理论与技术的流动现象时存在一定不足。

---

① Lund B D. Do "interdisciplinary" disciplines have an interdisciplinary impact？：Examining citations between educational technology and library and information science journals［J］. Education and Information Technologies，2020，25(6)：5103-5116.
② 马费成，陈柏彤. 我国人文社会科学学科多样性研究［J］. 情报科学，2015，33(4)：3-8，63.
③ 徐晴. 我国图书情报学跨学科知识转移态势研究［J］. 图书情报知识，2016(3)：96-102.
④ Yan E. Finding knowledge paths among scientific disciplines［J］. Journal of the Association for Information Science and Technology，2014，65(11)：2331-2347.
⑤ Xue L，Rienties B，Van Petegem W，et al. Learning relations of knowledge transfer (KT) and knowledge integration (KI) of doctoral students during online interdisciplinary training：an exploratory study［J］. Higher Education Research & Development，2020，39(6)：1290-1307.
⑥ Schwartz G A. Complex networks reveal emergent interdisciplinary knowledge in Wikipedia［J］. Humanities and Social Sciences Communications，2021，8(1)：1-6.
⑦ 邱均平，瞿辉. 我国科研机构合作网络知识扩散研究——以"生物多样性"研究为例［J］. 图书情报知识，2011(6)：5-11.
⑧ 王静静，叶鹰. 国际数字人文研究中的跨学科知识扩散探析［J］. 大学图书馆学报，2021，39(2)：45-51，61.

第 4 章　关键词特征对知识聚类的影响

全世界科技文献的数量已达到百万级别，并呈现每年递增之势，科技文献数量的不断增长在为科研工作者提供强有力文献资源支撑的同时，也使得科研工作者需要花费更多时间从不同学科、不同类别的资源中寻找自己所需资源。将科技文献划分为不同类别能有效提升资源检索效率，而文献数量的增长使得人工判别资源类型难以实现，因此目前大都采用自动判别的方式来对科技文献进行聚类①。

科技文献聚类的基础在于对科技文献特征的识别与提取，从科技文献的题名、关键词、作者等关键信息中提取文本特征从而实现对科技文献的聚集。关键词是对文本的高度凝练，在科技文献中，关键词能提供研究的主题、所属领域、子知识点、理论方法及限定范围等重要特征。基于关键词的文献聚类研究在相关领域已经得到广泛展开，而相关研究按其出发点的不同可大致分为两类，第一，单独或综合使用各种聚类方法，通过对聚类方法本身的改进来提升文献聚类效果，这一类研究从聚类方法出发。例如，许厚金等提出基于相似中心的文本聚类算法②；Rossi 等使用单一的增量聚类方法来实现对科技文献的聚类③。第二，从关键词本身出发，通过对关键词进行权重划分或采取特定筛选方式来确定用于文本聚类的关键词从而提升聚类效果，这一类研究从关键词特征出发。例如，刘堪等在改良 TF-IDF 特征词加权算法的基础上结合密度聚类算法，实现对科技文献的聚类④；李峰选取出表意性较强且具有一定频次的关键词来进行文本聚类⑤；徐坤等则研究了次高

---

① 张颖怡，章成志，陈果. 基于关键词的学术文本聚类集成研究[J]. 情报学报，2019，38(08)：860-871.
② 许厚金，刘永炎，邓成玉，等. 基于相似中心的 k-cmeans 文本聚类算法[J]. 计算机工程与设计，2010，31(08)：1802-1805.
③ Rossi R G, Marcacini R M, Rezende S O. Analysis of domain independent statistical keyword extraction methods for incremental clustering[J]. Learning and Nonlinear Models, 2014, 12(1): 17-37.
④ 刘勘，周丽红，陈譞. 基于关键词的科技文献聚类研究[J]. 图书情报工作，2012，56(04)：6-11.
⑤ 李锋. 基于核心关键词的聚类分析——兼论共词聚类分析的不足[J]. 情报科学，2017，35(08)：68-71.

频关键词在文本聚类分析的应用[1]。

基于关键词的共现关系来实现文本聚类不可避免地会遇到同义词难处理、高频词难选择及低频词作用常被忽视等问题[2][3]。较于单纯地改进聚类算法，从关键词特征出发更有利于从根基上厘清具有不同特征关键词的作用，从而推动上述问题的解决。同时，关键词间关系的挖掘及关键词作用的辨析也是关键词分类体系构建的基础，具有较高的研究价值[4][5]。本节通过对关键词词频特征及语义类型特征的选择筛选，来实现基于关键词的科技文献聚类，分析关键词特征对文献聚类效果的影响，从而为科技文献聚类研究中的关键词选择及使用工作提供借鉴。

4.1 关键词特征及本节研究思路

4.1.1 关键词特征

在以往研究中，对关键词特征的划分主要可以分为基于动态特征（随着关键词的使用而变化的特征）的划分以及基于固有特征（不随关键词的使用而变化的特征）的划分。其中，基于动态特征的划分主要有基于词频的划分[6]、基于度值的划分[7]、基于关系频次的划分[8]以及基于网络结构的划分[9]；基于关键词固有特征的划分主要有基于关键词词性的

---

[1] 徐坤，毕强. 次高频关键词的选择及在共词分析中的应用[J]. 情报理论与实践，2019，42(05)：148-152.
[2] Ding W, Chen C. Dynamic topic detection and tracking：A comparison of HDP, C-word, and cocitation methods[J]. Journal of the Association for Information Science and Technology, 2014, 65(10)：2084-2097.
[3] 李纲，巴志超. 共词分析过程中的若干问题研究[J]. 中国图书馆学报，2017，43(04)：93-113.
[4] Tsui E, Wang W M, Cheung C F, et al. A concept-relationship acquisition and inference approach for hierarchical taxonomy construction from tags[J]. Information processing & management, 2010, 46(1)：44-57.
[5] Li S, Sun Y, Soergel D. A new method for automatically constructing domain-oriented term taxonomy based on weighted word co-occurrence analysis[J]. Scientometrics, 2015, 103(3)：1023-1042.
[6] Faust O. Documenting and predicting topic changes in computers in biology and medicine：A bibliometric keyword analysis from 1990 to 2017[J]. Informatics in Medicine Unlocked, 2018, 11：15-27.
[7] Choi J, Hwang Y S. Patent keyword network analysis for improving technology development efficiency[J]. Technological Forecasting and Social Change, 2014, 83：170-182.
[8] 滕广青. 基于频度演化的领域知识关联关系涌现[J]. 中国图书馆学报，2018，44(03)：79-95.
[9] Choudhury M, Chatterjee D, Mukherjee A. Global topology of word co-occurrence networks：Beyond the two-regime power-law[C]//Coling 2010：Posters. 2010：162-170.

划分[①]与基于关键词语义类别的划分[②]。在基于动态特征的划分方法中，词频特征是最基础的特征，且其在一定程度上对其余特征具有一定的替代性，即词频较高的词通常具有较高的度值与关联关系等。在基于关键词固有特征的划分方法中，相较于词性，语义特征更能对文本聚类效果进行解释说明。因此，本节选择了关键词的词频特征以及语义类型特征，分别从动态与固有特征角度出发，探究关键词特征对文本聚类效果的影响。

4.1.2 关键词词频特征

为了研究关键词词频特征对科技文献聚类的影响，本节将关键词按频次高低依次分为超高频词、次高频词、中频词及低频词。首先，通过Donohue所提的高频低频词界分公式（公式(4.1)）将关键词划分为高频词与非高频词[③]；随后，参照二八定律将高频词细分为超高频词与次高频词；最后将频次为1的非高频词定义为低频词，将频次不为1的非高频词定义为中频词：

$$T = [(1 + 8I_1)^{1/2} - 1]/2 \qquad (4.1)$$

其中，T为高低频词的分界数；I_1为出现频次为1的关键词数量。

4.1.3 关键词语义类型特征

本节对关键词语义类型特征划分进一步细化，按照研究主题、限定范围、所属领域、理论方法与子知识点的顺序先后，确定关键词语义类型特征，按照表4.1中的相应标准进行划分。

表4.1 关键词语义类型划分标准

语义类型特征	划分标准
研究主题	应是对论文研究的整体概括，通过其可以直接对论文的研究对象、范围与方向有大概认知，通常会在论文标题中直接出现或是被间接提及

[①] 胡燕，邱英. 基于改进词共现模型的自动摘要研究[J]. 计算机与数字工程，2008(02)：26-28+33+169.
[②] 胡昌平，陈果. 科技论文关键词特征及其对共词分析的影响[J]. 情报学报，2014，33(01)：23-32.
[③] Donohue J C. Understanding Scientific Literatures——A Bibliometric Approach[M]. Cambridge：The MIT Press. 1973：49-50.

续表

语义类型特征	划分标准
限定范围	与研究主题直接相关，包括研究主题所属的时代背景、面向的研究对象、指向的主要问题与研究的参与者等限定信息
所属领域	是研究主题及其他相关主题集合而成的一个主题集合，其中具有多个相互关联、交叉的子主题，通常都是学科大类下的一个主要研究方向
理论方法	科学研究中常用的基本理论及技术方法，可以来自本学科内部或从其他学科中进行借鉴
子知识点	通常是研究主题的一个构成部分，是对研究主题某一方面问题的细化

4.1.4 本节研究思路

以往关于关键词的研究多以共词分析为落脚点，那么关键词特征是否会对科技文献聚类等实际工作产生影响，即关键词特征在对共词分析产生影响的基础上，会对基于此进行的文献聚类工作产生何种作用？关键词的统计特征及固有特征是否对文献聚类效果有显著影响？依据不同特征选择关键词进行的文献聚类是否能从较为全面的角度挖掘文献的整体特征？选择具有单一特征的关键词进行文献聚类相较于同时选择具有不同特征的关键词进行文献聚类其效果有何差异？以具有哪种特征的关键词进行文献聚类能得到较好的效果？本节基于实际数据展开实证研究对以上问题进行解答，研究整体框架如图4.1所示。

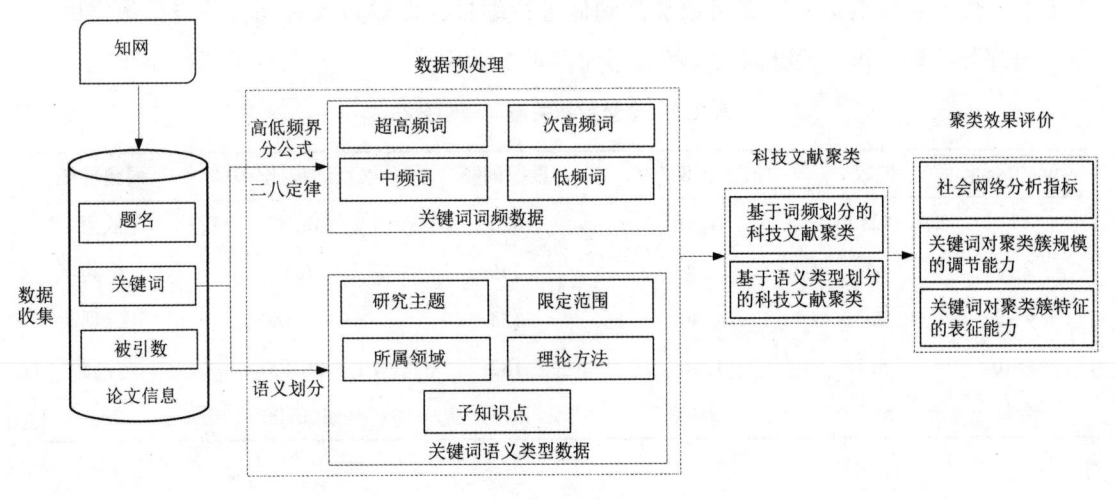

图 4.1 研究框架

本节首先从知网上收集相关文献，并按被引数选出具有代表性的部分文献；随后，依据高低频界分公式与二八定律对关键词进行词频特征划分，按相应标准对关键词进行语义划分形成相应数据集；最后，在特征划分的基础上，对关键词进行组配从而实现科技文献聚类，并对聚类效果进行评价，总结相关结论。

4.2 关键词特征对分类效果的影响

4.2.1 数据来源

本节以"知识管理"领域为研究范围，从中国知网上采取相关研究数据，共采集整理了3份基础数据用于进行实证研究：全量数据，用于统计关键词词频分布、语义类型分布，展示关键词完整时的科技文献聚类结果并与其他聚类结果进行对比；关键词词频数据，用于实现基于词频划分的科技文献聚类结果；关键词语义类型数据，用于实现基于语义类型划分的科技文献聚类结果。数据处理方法如下。

1. **全量数据**

在中国知网上设置检索表达式：主题"知识管理"，时间"2016.01—2020.08"，文献来源设置为CSSCI期刊。对检索到的文献按其被引数进行排序，选取被引频次最高的200篇具有代表性的正式论文，按被引数从高到低进行编号，提取其关键词，并进行数据的清洗、排序与统计工作，关键词的词频分布如表4.2所示。

表4.2 全量数据关键词词频分布

词频区间	词数	词数比例/%	累积词频	累积词频比例/%	词频特征
1	423	81.98	423	48.45	低频
2~3	64	12.40	145	16.61	中频
4~9	23	4.46	123	14.09	次高频
≥10	6	1.16	182	20.85	超高频
合计	516	100.00	873	100.00	

在统计完关键词词频分布之后，按照表4.1中的关键词语义类型划分标准对关键词语义类型进行独立标注，在标注完成后进行讨论，得到无歧义的标注结果，并统计关键词按

语义类型的分布结果，如表 4.3 所示。

表 4.3　全量数据关键词语义类型分布

语义类型特征	词频	比例/%
研究主题	204	23.37
限定范围	225	25.77
所属领域	43	4.92
理论方法	30	3.44
子知识点	371	42.50
合计	873	100.00

2. 关键词词频数据

首先以高低频界分公式对关键词进行初步划分，根据总次数 516 可以计算得出分界数 T 为 29，据此将词频区间大于等于 4 的词划分为高频词，将词频区间低于 4 的词划分为非高频词；随后，参照二八定律，将高频词中词频累计占比达到 20% 的词作为超高频词，将剩下的高频词作为次高频词；最后将非高频词中词频数为 1 的词划分为低频词，剩下的非高频词作为中频词，完成关键词词频特征划分工作。

3. 关键词语义类型数据

按照语义类型划分方式，依次为 200 篇文献确定其关键词语义类型。以文献"基于语义化共词分析的馆藏资源聚合研究"为例，其有"馆藏资源""主题聚合""共词分析""知识服务"与"语义"五个关键词，首先确定其研究主题为"主题聚合"，随后将研究指向的对象"馆藏资源"划分为限定范围，将"知识服务"划分为所属领域，将"共词分析"划分为理论方法，最后将"语义"归为子知识点即完成语义类型划分工作。

4. 文献-关键词共现矩阵

应用 Co-Occurrence6.7（COOC6.7）[①]对全量数据进行（文献-关键词）共现矩阵构建，如表 4.4 所示。在此基础上，将关键词按词频与语义类型特征分别抽取子矩阵，从动态与固有特征视角出发，对两类特征进行研究。具体步骤为，从全量矩阵中抽取出对应关键词，形成关键词与文献共现子矩阵，因为抽取关键词后有些文献对应的关键词数为 0 或 1，难以进行聚类分析，因此子矩阵仅包含抽取的关键词及部分文献（抽取关键词后具有两个

---

① 学术点滴，文献计量. COOC 一款用于文献计量和知识图谱绘制的新软件[EB/OL].（2020-01-12）[2024-10-15]. https://mp.weixin.qq.com/s/8RoKPLN6b1M5_jCk1J8UVg.

及以上关键词的文献)间共现关系。此外,因所属领域与理论方法语义类型关键词的词频较低,故在本节中并未对其展开研究,子矩阵划分如表4.5所示。

表4.4 全量数据共现矩阵

关键词	关键词						
	知识服务	大数据	图书馆	高校图书馆	数字出版	…	纵向条数据
1	0	0	0	0	0	…	0
2	0	0	0	0	0	…	0
3	1	0	0	0	0	…	0
…	…	…	…	…	…	…	…
200	0	0	0	0	0	…	1

表4.5 关键词-文献子矩阵划分

子矩阵序号	关键词特征	对应文献数
1	超高频、次高频、中频	188
2	超高频	137
3	次高频	98
4	中频	105
5	超高频、次高频	165
6	超高频、中频	159
7	次高频、中频	172
8	研究主题	101
9	限定范围	110
10	子知识点	65
11	研究主题、限定范围	151
12	研究主题、子知识点	146
13	限定范围、子知识点	156

4.2.2 评价指标

依据前文的研究思路，按特征选择关键词，实现科技文献聚类，探究如何对关键词进行选择来使得文献的聚类效果在数量上能使得合适的文献聚到一类，在质量上保证同一聚类簇中的文献在多方面特征上具有一致性。

1. 密度与聚类系数

密度与聚类系数是社会网络分析中的常用衡量指标，主要用以考察共现矩阵间各对象间关联的紧密程度，其中密度主要从全局进行考量，聚类系数则更多从局部进行考量。在本节中通过计算关键词共现矩阵的密度与聚类系数，并将其与其他指标进行对比来分析关键词间的共现关系强度是否与基于关键词的文献聚类效果具有相关性。

2. 关键词对聚类簇规模的调节能力

依据不同特征的关键词来进行文献聚类，能实现对文献集中多少文献的聚类？所得的文献簇其中所具有的文献数量是否合适？本节主要通过文献聚类比与各聚类簇规模来分析关键词对文聚类簇规模的调节能力。其中文献聚类比即以关键词进行聚类完成了对应文献集中多少文献的聚集；聚类簇规模则是指形成的聚类簇数量以及大、中、小型聚类簇的数量。依据进行实证研究的文献篇数将簇内文献数量为 2~3 的设为小型聚类簇，文献数量为 4~10 的设为中型聚类簇，文献数量在 10 以上的设为大型聚类簇。

3. 关键词对聚类簇特征的表征能力

以某一特征类型的关键词对文献进行聚类，所得聚类簇中的文献是否在其他类型的特征上也具有一定的一致性？次高频词中是否包含有一定的超高频信息？限定范围与子知识点是否具有共通性？本节在聚类簇规模划分的基础上，考虑到小型聚类簇中的文献数量为 2~3 对聚类簇特征的表征具有一定的偶然性，大型聚类簇中的文献数量大于 10，所反映出的文献特征较为多样，缺乏对重点特征的强调，而中型聚类簇中的文献数量为 4~10，其簇内文献间关联度较强，基于中型簇类进行分析，便于对表征能力进行排序与评价，且能较为轻易地提取出该聚类簇所具有的重要特征，故选择对中型聚类簇进一步研究以分析关键词对文献特征的表征能力。构造表征能力评价指标 P，其分为 P_1 与 P_2 两部分，其中，P_1 用于衡量有多少聚类簇在其他特征上具有相似性；P_2 则用于衡量聚类簇中文献在其他特征上相似的程度高低，如式(4.2)所示：

$$P_1 = \frac{C_i}{C_{\text{all}}} \tag{4.2}$$

$$P_2 = \frac{\sum j}{C_i} \qquad (4.3)$$

$$P = \alpha \cdot P_1 + \beta \cdot P_2 \qquad (4.4)$$

其中，C_i 为在其他特征上具有相似性的聚类簇数，对于各聚类簇以实际聚类结果来判定其是否属于 C_i，以基于超高频词的子矩阵聚类为例，若在其某一中型聚类簇中，文献 A 与文献 B 同时具有次高频词"人工智能"，则文献 A 与文献 B 在次高频词特征上具有一定的相似性，该中型聚类簇可归于 C_i；C_{all} 为聚类簇总数；$\sum j$ 为 C_i 中每一个聚类簇在其他特征上相似的程度高低之和，以基于研究主题的子矩阵聚类为例，若其某一中型聚类簇包含文献 D、E、F 与 G，其中文献 D 与文献 E 同时具有限定范围关键词"图书馆"，文献 E 与文献 F 同时具有子知识点关键词"个性化服务"，且文献 G 与其他文献在其他类型特征上没有相同关键词，则该聚类簇中文献的相似程度为具有相似性的文献数量/簇中文献总数量，即为 3/4；α 与 β 分别为 P_1 与 P_2 的权重系数，在本节中将调节能力与表征能力视为同等重要，即 α 与 β 都设为 0.5。

4.2.3 研究实证及结果分析

本小节在前文基础上进行实证研究，就聚类结果进行探讨并提出建议。用于文献聚类的算法为 DBSCAN 算法，其是一种基于密度聚类的算法，通过调节节点间的聚类密度来控制聚类效果，能确保聚类簇中各节点在一定的密度范围内具有相关性，主要有 Eps（聚类簇半径）与 minPts（密度阈值）两个基本概念[①]。在实证研究过程中为了尽可能多地得到聚类簇，从而对基于各子矩阵的文献聚类效果进行对比，设定 minPts 为 2，Eps 则在 0.1~3.0 进行调整，选择出半径范围内聚类簇数量最多的聚类结果。

1. 关键词词频特征对科技文献聚类的影响

1) 对聚类簇规模的调节能力

基于全量数据矩阵及子矩阵 1~7 进行科技文献的聚类，其对聚类簇规模的调节能力如表 4.6 所示。使用全量数据矩阵进行聚类对聚类簇规模的调节能力较差，仅实现对 200 篇文献中 50 篇文献的聚类，即有 50 篇文献聚类成簇，其余 150 篇文献为离群点（聚类文献数为 50），且聚类簇总量仅为 10，并不存在中型聚类簇，即用全量数据进行聚类时一方面难以实现对多数文献的划分，另一方面，聚集的聚类簇质量也不太理想。将全量数据矩阵结果与子矩阵 1 结果进行对比，可以发现仅通过去除数据中的低频词难以提升聚类效

---

① 石陆魁，何丕廉. 一种基于密度的高效聚类算法[J]. 计算机应用，2005，25(8)：1824-1826.

果。从整体效果来看，基于子矩阵 2 与子矩阵 3 的文献聚类在聚类比及聚类簇规模上都具有不错的效果，聚类比都在 80% 以上，且识别出了一定数量的中型聚类簇。

表 4.6 词频对聚类簇规模的调节能力

关键词矩阵	对应文献数	聚类文献数	聚类比/%	簇总量	小型簇	中型簇	大型簇
全量数据矩阵	200	50	25.00	10	9	0	1
子矩阵 1	188	35	18.62	13	11	2	0
子矩阵 2	137	136	99.27	15	6	5	4
子矩阵 3	98	81	82.65	22	13	9	0
子矩阵 4	105	44	41.90	22	22	0	0
子矩阵 5	165	107	64.85	31	22	8	1
子矩阵 6	172	79	45.93	17	10	6	1
子矩阵 7	159	48	30.19	19	16	3	0

2）对聚类簇特征的表征能力

基于表 4.6，对具有中型聚类簇的子矩阵 1、2、3、5、6、7 进行聚类簇表征能力分析，结果如表 4.7 所示。对表 4.7 中的相关指标进行分析，可以发现尽管子矩阵 2 在调节能力上效果较好，但其在表征能力上欠佳，即仅以超高频词来进行文献聚类，对次高频特征的表征能力较低同时缺少对中频特征的表征能力。在所有子矩阵中，子矩阵 3 效果最好，且其调节能力也较高，即通过次高频词来进行文献聚类能有效对超高频特征进行表达，同时能表达部分中频特征。将子矩阵 2、3 与子矩阵 5、6、7 的相关指标进行对比，发现将不同频次特征的关键词进行组配来进行文献聚类，会导致频次较低的关键词特征难以表征，聚类结果会较多地受到高频特征的影响，且高频词也可能产生相互干扰，降低对相应特征的表征能力。

表 4.7 词频对聚类簇特征的表征能力

关键词矩阵	表征超高频特征 P_1	P_2	P	表征次高频特征 P_1	P_2	P	表征中频特征 P_1	P_2	P
子矩阵 1	1.000	1.000	1.000	0.000	0.000	0.000	0.000	0.000	0.000
子矩阵 2	1.000	1.000	1.000	0.500	0.277	0.388	0.000	0.000	0.000
子矩阵 3	1.000	0.599	0.800	1.000	1.000	1.000	0.375	0.517	0.446
子矩阵 5	1.000	1.000	1.000	0.250	0.518	0.384	0.125	0.500	0.313
子矩阵 6	1.000	1.000	1.000	0.333	0.417	0.375	0.000	0.000	0.000
子矩阵 7	1.000	0.917	0.958	0.333	1.000	0.666	0.000	0.000	0.000

3) 与社会网络分析指标的对比

利用 Ucinet 对全量数据矩阵及子矩阵 1~7 中的关键词进行密度与聚类系数计算，结果如表 4.8 所示。将表 4.6 与表 4.8 中相关指标进行对比，可以发现密度与聚类比具有较强的相关性，其变化曲线如图 4.2 所示，而密度、聚类系数与调节能力的其他指标并没有太强的相关性。即可以说明，通过关键词矩阵的密度能对基于词频的文献聚集能力进行判断，但仅靠关键词密度与聚类系数难以直接体现聚类簇的具体情况。

表 4.8　词频划分关键词的社会网络分析指标

关键词矩阵	密度	聚类系数
全数据矩阵	0.011	0.895
子矩阵 1	0.065	0.615
子矩阵 2	0.600	0.761
子矩阵 3	0.099	0.435
子矩阵 4	0.022	0.379
子矩阵 5	0.197	0.652
子矩阵 6	0.062	0.665
子矩阵 7	0.034	0.394

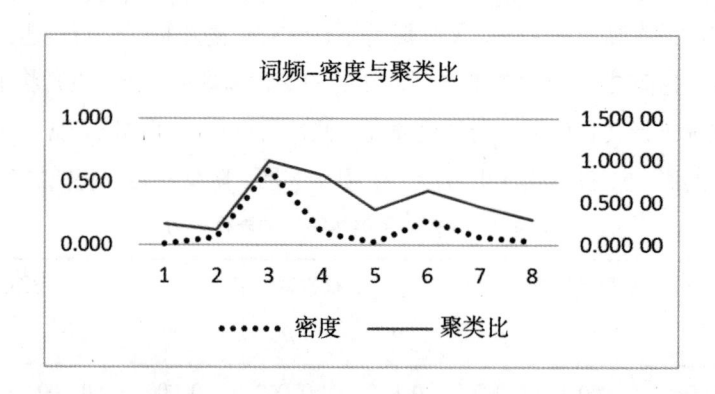

图 4.2　词频-密度与聚类比变化曲线

2. 关键词语义类型征对科技文献聚类的影响

1) 对聚类簇规模的调节能力

基于子矩阵 8~13 进行科技文献聚类，其对聚类簇规模的调节能力如表 4.9 所示。从整体来看，基于语义类型划分关键从而进行文献聚类，在调节能力上都具有不错的表现，各子矩阵的聚类比均在 50% 以上，且各种规模的聚簇类分布均匀，都形成了部分中型聚类簇。其中子矩阵8与子矩阵9的调节能力最佳，聚类比均在80%以上，且形成的中型簇数量较多。

表 4.9 语义类型对聚类簇规模的调节能力

关键词矩阵	对应文献数	聚类文献数	聚类比/%	簇总量	小型簇	中型簇	大型簇
全数据矩阵	200	50	25.00	10	9	0	1
子矩阵 8	101	98	97.03	27	21	5	1
子矩阵 9	110	91	82.73	20	13	4	3
子矩阵 10	65	43	66.15	17	14	3	0
子矩阵 11	151	93	61.59	30	24	5	1
子矩阵 12	146	77	52.74	28	25	2	1
子矩阵 13	156	82	52.56	23	17	5	1

2）对聚类簇特征的表征能力

基于表4.9，对子矩阵8~13进行聚类簇表征能力分析，结果如表4.10所示。单独以某一语义类型的关键词来进行文献聚类，其聚类结果都能对其他类型特征具有一定的表征能力。而将不同语义类型的关键词进行组配后实现文献聚类，则可能会导致对其他类型特征表征能力的降低，如子矩阵11与子矩阵12难以表征子知识点特征，对比子矩阵9与子矩阵11也能发现将研究主题与限定范围组配后，对各类型特征的表征能力都得到不同程度的降低。

表 4.10 语义类型对聚类簇特征的表征能力

关键词矩阵	表征研究主题特征 P_1	P_2	P	表征限定范围特征 P_1	P_2	P	表征子知识点特征 P_1	P_2	P
子矩阵 8	1	1	1	0.8	0.583	0.692	0.2	0.5	0.35
子矩阵 9	0.75	0.362	0.556	1	1	1	0.25	0.4	0.325
子矩阵 10	0.333	0.5	0.417	0.333	0.75	0.542	1	1	1
子矩阵 11	0.4	0.5	0.45	0.8	0.8125	0.806	0	0	0
子矩阵 12	1	0.9	0.95	0.5	0.75	0.625	0	0	0
子矩阵 13	0.8	0.383	0.592	1	0.917	0.958	0.2	0.2	0.2

3) 与社会网络分析指标的对比

利用 Ucinet 对子矩阵 9~13 中的关键词进行密度与聚类系数计算（子矩阵 8 因研究主题在文献中的分布基本为每篇文献对应一个关键词故未对其分析），结果如表 4.11 所示。将表 4.9 与表 4.11 中的指标进行对比，绘制密度与聚类比变化曲线，如图 4.3 所示。可以看出，密度与聚类比变化并不一致，即在基于语义类型的文献聚类中，通过社会网络分析指标难以对文献聚集能力及各聚类簇中的具体情况进行判断。

表 4.11 语义类型划分关键词的社会网络分析指标

关键词矩阵	密度	聚类系数
子矩阵 9	0.600	0.761
子矩阵 10	0.099	0.435
子矩阵 11	0.022	0.379
子矩阵 12	0.197	0.652
子矩阵 13	0.062	0.665

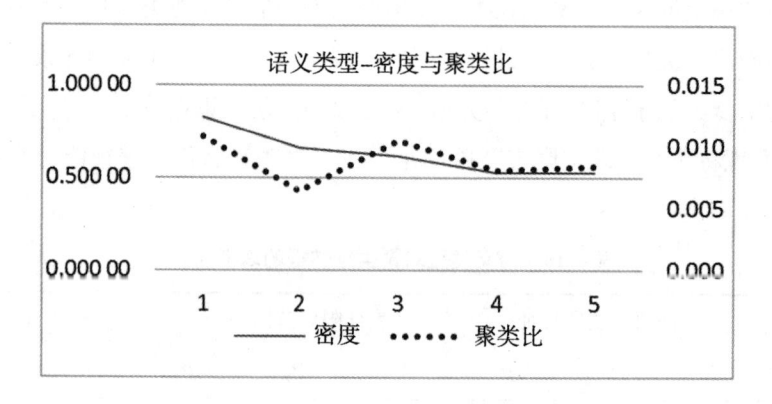

图 4.3 语义类型-密度与聚类比变化曲线

4.3 关键词特征应用策略

4.3.1 社会网络分析指标应用策略

当以词频特征对关键词进行划分，实现文献聚类时，可以通过社会网络分析对关键词矩阵的密度进行分析，通过关键词密度来大致判断文献聚类比，但关键词密度与聚类系数难以对聚类的局部效果进行衡量，即关键词之间具有较高的密度与聚集性不会直接导致以这些关键词为基础形成的文献聚类簇具有较高质量；当以语义类型对关键词进行划分，实现文献聚类时，社会网络分析指标对聚类效果的整体及局部效果都难以衡量，而相较于以词频划分关键词，以语义类型划分关键词时会导致关键词间的联系更多在语义上得以体现，仅通过社会网络分析指标难以对关键词间的语义联系进行较好的反映。

4.3.2 词频特征应用策略

从基于词频划分的文献聚类结果来看，单独使用次高频词对文献进行聚类能得到较好的结果，所得聚类簇在规模上较为合适，且聚类簇中除了能反映次高频特征外还能对绝大部分的超高频特征与部分中频特征进行反映，即以次高频词为基础形成的聚类簇能在一定程度上实现较为全面的词频特征聚集，簇类文献在超高频、次高频及中频特征上都具有一定的相似性，其不足之处在于会缺少部分中频特征。此外，超高频特征在各种聚类簇中都具有较高的体现，且将其与其他频次的关键词进行组配来实现文献聚类时，会导致形成的聚类簇对其他频次特征表征能力的降低，故在聚类时可考虑去除超高频词。

4.3.3 语义类型特征应用策略

从基于语义类型划分的文献聚类结果来看，单独使用某一语义类型的关键词进行文献聚类，所形成的聚类簇规模较好，且皆能在一定程度上表征其他类型特征。而当对语义类型不同的关键词进行组配，从而实现文献聚类时，其聚类效果相较于单独使用某一类词均有所下降。据此可以推断，基于文献与关键词之间的共现关系来实现文献聚类难以挖掘关键词之间固有的语义关系，同时面临着语义类型相同的关键词间存在的互斥性问题，导致聚类效果不太理想。因此，为了提高文献聚类效果，可考虑基于不同的语义类型特征对文献进行聚类，通过实际需求来定制聚类方案；或可对关键词之间的概念相关性进行挖掘，定义关键词间的上下位、同位、相似等关系来厘清关键词间的语义结构。

4.4 本章小结

关键词在科技文献聚类中发挥着重要作用，本节研究了关键词的频次特征与语义类型特征对文献聚类的影响，以实例数据进行了对照实验，分析了具有不同特征的关键词对文献聚类的影响。从研究结果来看，当以词频选择关键词进行文献聚类时，若选择超高频词或中频词来进行聚类，会使得聚类结果缺少对其他频次特征的考量，聚类效果较差，而选择次高频词进行聚类则能使得得到的簇内文献在各频次特征上都具有一定的相关性，且各簇类规模也较为合适；当以语义类型选择关键词进行聚类时，选择单一类型的关键词来进行聚类的效果优于混合不同语义类型的关键词进行聚类，据推论，这可能是因为不同语义类型的关键词之间存在互斥性，若仅对其进行简单组配并用于推荐，难免会对聚类效果产生影响。整体而言，本节进一步论证了次高频词在科技文献特征表征上的重要价值，指出其相较于其他频次的关键词而言，在表征不同频次的关键词特征上具有较大优势，本节也指出了若仅是对关键词按照语义类型特征进行简要组配并进行文献聚类，其效果可能会低于使用单一语义类型特征的关键词，值得一提的是，这并不代表不能在文献聚类中搭配使用不同的语义类型关键词，而是需要在共现关系之外进一步实现对关键词之间语义结构的挖掘，以此来提高文献聚类效果。

第 5 章　知识流动视角下的跨学科知识分类

当前，学者已经逐渐意识到跨学科知识在学术突破与学术创新方面的潜力，通过跨学科知识的交叉融合来寻找多学科贯通的有效方法是解决日益复杂、多样的学术难题的必然趋势[1]。为了更好地开发跨学科知识价值，通常需要经历跨学科知识的识别、理解和运用等多个知识价值的认知与创新环节。其中跨学科知识的识别旨在从日益增长的学术知识中找出那些具备跨学科应用价值，对其他学科的发展有帮助的概念、理论、方法与技术等知识单元或知识组合[2]；跨学科知识的理解则可通过数据到信息再到知识的转换过程来描述，即跨学科知识理解是学者对其他学科概念、理论等进行整理、加工，从而认知其价值和效用的过程[3]；知识运用则类似于知识到智慧的转换过程，智慧是面向未来的创新[4]，这与跨学科研究的目的相呼应，即在应用来自其他学科的理论、方法的基础上，结合本学科内容进行创新性研究。

对知识的认知是创新其价值的基础，学界目前在对跨学科知识进行定义时通常会从知识的学科分布出发，例如 Moti Nissani 认为"跨学科知识"是指两个或两个以上的学科存在相似的构成要素[5]，徐晓梅等认为"跨学科知识"是指涉及两门或两门以上的不同学科的知识[6]，这类定义的特点在于强调了跨学科知识应存在于多个不同学科。此外，也有部分学

---

[1] Ledford, Heidi. How to solve the world's biggest problems[J]. Nature, 2015, 525(7569): 308-311.
[2] 牌艳欣，李长玲，徐璐. 弱引文关系视角下跨学科相关知识组合识别方法探讨——以情报学为例[J]. 图书情报工作, 2020, 64(21): 111-119.
[3] 赵国庆. 知识可视化 2004 定义的分析与修订[J]. 电化教育研究, 2009(03): 15-18.
[4] 祝智庭. 智慧教育新发展：从翻转课堂到智慧课堂及智慧学习空间[J]. 开放教育研究, 2016, 22(01): 18-26+49.
[5] Nissani M. Ten cheers for interdisciplinarity: The case for interdisciplinary knowledge and research[J]. The social science journal, 1997, 34(2): 201-216.
[6] 徐晓梅，李娅琳. 高校英语教师多元化知识结构的构建与复合型英语人才的培养[J]. 教育与教学研究, 2010, 24(7): 56-59.

者结合知识使用目的进行定义，例如于杨等则认为"跨学科知识"是指新教师除掌握本学科知识之外，还需涉猎不同学科的知识[①]，李长岭认为学者为破解科研难题选择借鉴或综合的其他学科的理论、方法、技术等即跨学科知识[②]，这类定义的特点在于强调了跨学科知识应能在不同学科发挥作用。从相关定义来认知跨学科知识，可以得出跨学科知识应分布在两个以上学科并且能在这些学科中发挥一定的作用的结论。

此外，已有研究表明跨学科现象一般发生在邻近学科间[③]，且只有在一些特定领域内发生的跨学科结合才更有可能产生正面效应[④]。但现在的研究虽然确定了跨学科知识的基本特征，但尚不足以很好地描述跨学科知识在相邻学科内是否存在概念上的差异，也难以理解知识在跨学科后发生了哪些变化。经过跨学科过程后，知识价值的增长有很大一部分因素来自其概念范围的变化，例如理论类知识被引用到其他学科后，其概念会因使用场景的变化而扩展，方法类知识被引用到其他学科后，其应用范围与方式会因适用对象的不同而改变。但目前的研究通常将跨学科知识认知为两个学科内都存在的知识，而没有明确不同学科内同一知识的关联与差异。为了加强对跨学科知识的认知，从而更好地发挥其价值，本节在对跨学科知识流动现象进行探讨的基础上，将跨学科知识流动分为了知识流入、概念创新与知识反流三个阶段，并分析了知识在知识流入与概念创新阶段的跨学科特征，基于特征实现了对知识的分类，并强调了知识反流阶段应关注的重点知识类型，以期对跨学科性测度与跨学科知识分类研究进行补充。

5.1 跨学科知识流动相关概念

5.1.1 跨学科知识流动

知识流动是指知识在知识源与知识接收方之间发生的流入、流出与转移等过程[⑤]。

[①] 于杨，吕悦. 新工科教师胜任力模型的建构与分析[J]. 高等工程教育研究，2021(3)：32-38.
[②] 杜德慧，李长玲，相富钟，等. 基于引文关键词的跨学科相关知识发现方法探讨[J]. 情报杂志，2020，39(9)：189-194.
[③] Porter A, Rafols I. Is science becoming more interdisciplinary? Measuring and mapping six research fields over time[J]. Scientometrics, 2009, 81(3): 719-745.
[④] Abramo G, D'Angelo C A, Di Costa F. Do interdisciplinary research teams deliver higher gains to science? [J]. Scientometrics, 2017, 111: 317-336.
[⑤] 张雪，张志强. 专利知识吸收和扩散演化规律及影响研究[J]. 科研管理，2022，43(06)：160-169.

Zhuge 等[1]认为知识流动研究旨在探索知识在人与人之间的流动过程与知识加工机制。对于跨学科研究而言，知识流动又可以视为跨学科研究产生的动因，跨学科研究则是一种展示知识流动与学科交叉过程的研究[2]。Bordons 等[3]认为当一个学科提出的概念或技术被另一学科的出版物引用时，就发生了跨学科知识流动现象。从知识流动视角出发来对跨学科知识进行认知，可以对跨学科知识的形成过程进行更为全面的了解，也能更好地理解知识流动过程中知识角色的变化规律[4]，从而更好地发挥跨学科知识的效用。

Pierce 等[5]从作者的角度出发，将学科间的知识转移分为借用、协作与跨界三种类型。张瑞等在对学术名词的跨学科迁移现象进行研究时，将学术名词的迁移类型分为了迁入型、迁出型与流动型[6]，学术名词本质上是对知识的概念化表述，即从知识的角度出发，所有类型的跨学科知识都可被分入到上述三种迁移类型中。此外，知识的流动具有较为固定的趋势，从势能角度分析，知识通常是由势能较高的学科流向势能较低的学科，有一些学科如临床医学、生物学会长期处于势能较高的位置[7]。基于对跨学科知识流动类型及其流动动因的分析，可以对跨学科知识流动做出如下归纳：跨学科知识通常潜伏在势能较高的学科中[8]，当学者认识到知识具有跨学科使用价值后，知识就可能从某一学科迁出并迁入到另一些学科，在知识迁入到其他学科之后，知识可能持续停留在该学科，也可能以该学科为中介流入其他学科，更具备在该学科中得到发展并流动到原本学科或是其他学科的可能。

5.1.2 跨学科知识流动路径

基于对跨学科知识流动的分析，可以发现知识流动主要涉及两个要素，其一是知识流

---

[1] Zhuge H. A knowledge flow model for peer-to-peer team knowledge sharing and management[J]. Expert systems with applications, 2002, 23(1): 23-30.
[2] 叶鹰, 张家榕, 张慧. 知识流动与跨学科研究之关联[J]. 图书与情报, 2020(03): 29-33.
[3] Bordons M, Morillo F, Gómez I. Analysis of cross-disciplinary research through bibliometric tools[M]// Handbook of quantitative science and technology research: the use of publication and patent statistics in studies of S&T systems. Dordrecht: Springer Netherlands, 2004: 437-456.
[4] 李鹏程, 程齐凯. 基于知识角色的信息学研究方法识别[J]. 情报杂志, 2021, 40(07): 23-29.
[5] Pierce S J. Boundary crossing in research literatures as a means of interdisciplinary information transfer[J]. Journal of the American society for information science, 1999, 50(3): 271-279.
[6] 张瑞, 赵栋祥, 唐旭丽, 等. 知识流动视角下学术名词的跨学科迁移与发展研究[J]. 情报理论与实践, 2020, 43(01): 47-55+75.
[7] 吕海华, 李江. 1987-2016 年跨学科知识流动的规律：一个新的视角"学科势能"[J]. 图书情报知识, 2021, 38(04): 125-135.
[8] Zeng B, Lyu H, Zhao Z, et al. Exploring the direction and diversity of interdisciplinary knowledge diffusion: A case study of professor Zeyuan Liu's scientific publications[J]. Scientometrics, 2021, 126: 6253-6272.

动过程中涉及的学科，其二是知识在流动过程中其概念是否发生变化，基于这两个要素，可以对跨学科知识流动路径进行概括，如图 5.1 所示。

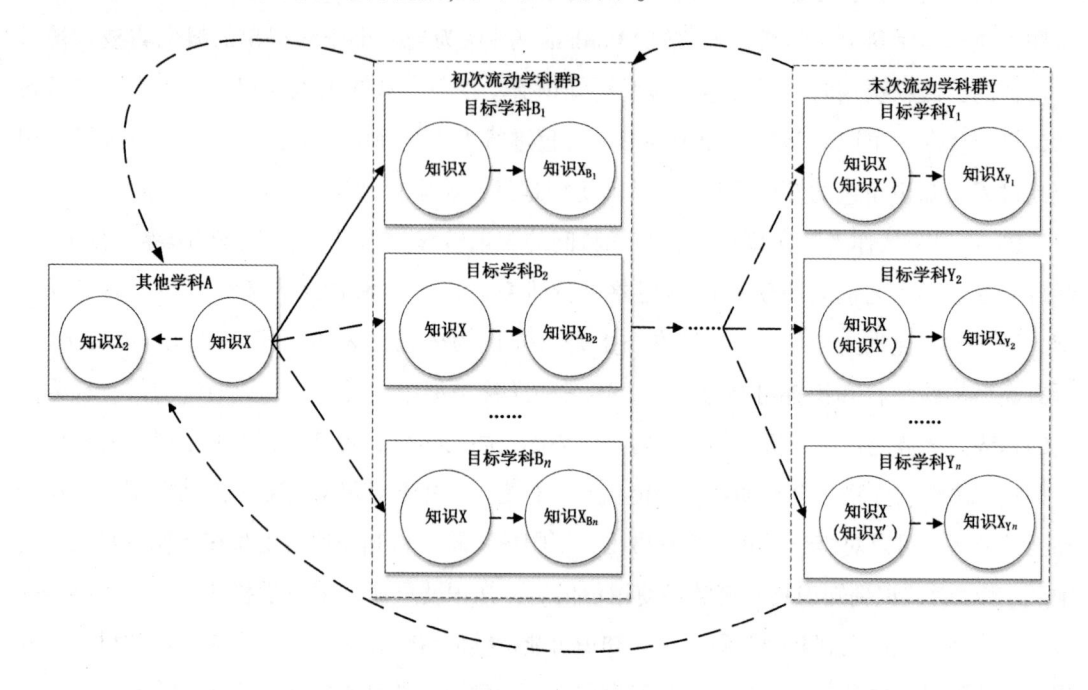

图 5.1 跨学科知识流动路径

在图 5.1 中，学科 A 为跨学科知识 X 最先存在的学科（本书中将跨学科知识最先存在的学科称为其他学科），学科 B_1 以及学科 B_2 等为跨学科知识直接流入的学科（本书中将跨学科知识流入的学科称为目标学科），跨学科知识 X 是直接从学科 A 流动到学科 B 的知识（中间未经过其他学科），学科 Y_1 以及学科 Y_2 等则是跨学科知识最后流入的学科，跨学科知识 X 在流动到 Y_1 等学科之前已经历过若干学科，X_{B_1} 是跨学科知识 X 流入学科 B_1 中，因与学科 B_1 中其他知识相结合而产生的富有新概念的知识，当跨学科知识从学科 B 流动到学科 Y 时，跨学科知识存在两种可能，其一是其概念仍与在学科 A 时相同，另一种是其概念因历经多个学科而变化为 X'。此外，如图 5.1 所示，仅有跨学科知识 X 从学科 A 流入学科 B_1 之间的线条为实线，这是因为只要知识在两个学科间发生了流动，就可视为发生了跨学科知识流动，而其余的虚线部分则具有不确定性。

通过图 5.1 可以发现跨学科知识的流动是复杂、多样的，其可能涉及多个学科，且会在不同学科间来回甚至多次反复流动。为便于对跨学科流动路径的理解，本节聚焦于最常见的跨学科知识流动场景，即两个学科间的跨学科知识流动，从图 5.1 所示的路径中抽取出限定于两个学科的知识流动路径（见图 5.2）。

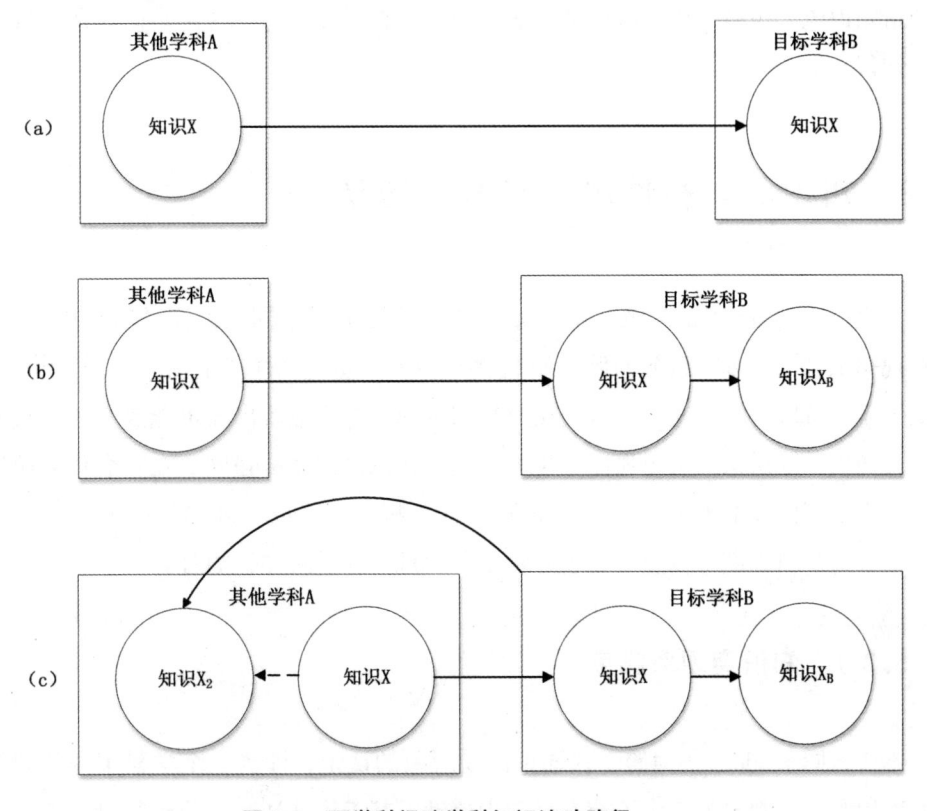

图 5.2 两学科间跨学科知识流动路径

5.1.3 跨学科知识流动阶段

如图 5.2 所示，当仅涉及两个学科时，跨学科知识的流动可以分为三个阶段，阶段 (a) 为知识 X 从学科 A 流入学科 B (称为知识流入阶段)，阶段 (b) 为知识 X 流入到学科 B 后因与学科 B 中的知识发生关联而引起了其概念的变化，并形成了具有学科 B 特点的知识 X_B (本节称为概念创新阶段)，阶段 (c) 为知识 X_B 从学科 B 反流入学科 A 中，并有一定的可能对知识 X 进行概念扩展，从而形成 X_2 (称为知识反流阶段)。上述的三个阶段是顺序发生的，即先有知识流入，随后才可能发生概念创新与知识反流。

若站在学科发展的角度，对学科 A 来说，知识流入与知识反流阶段更为重要，这两个阶段分别反映了学科 A 中哪些知识具有影响其他学科的能力以及学科 A 内跨学科知识的创新潜力。而对学科 B 来说，知识流入与概念创新阶段则更为重要，其分别反映了学科 B 中学者对学科 A 中知识的价值认知情况以及学者对知识的创新能力。目前，跨学科知识引用主要还是为了更好地辅助引用知识的学科进行发展，即本节中的目标学科。为了更好地推动目标学科对跨学科知识价值的认知与开发，本节对研究的知识流动阶段进行限定，主要分析知识流入与概念创新阶段的知识特征,并探讨如何基于这两个阶段的特征来进行跨学科知识分类。

5.2　知识跨学科性测度与分类方法

在厘清跨学科知识流动相关概念后,下一步需测度不同知识流动阶段中的知识特征,以实现知识分类。基于目前的跨学科性测度共识(聚焦多样、平衡、差异三个方面)[1][2],在知识流入阶段,本节通过学科交叉分析与突现分析方法找出较可能成为跨学科知识的学科交叉知识,随后采用引用强度分析方法测度知识的跨学科强度。在概念创新阶段则引入网络科学中同配性的概念,提出概念同配性分析方法,以测度知识的概念变化程度。最后,结合跨学科强度与概念变化程度特征,实现对跨学科知识的分类。

5.2.1　知识突现率测度

本节认同 Bordons 等对跨学科知识流动现象的认定,即当一个学科中的知识被另一个学科引用时,才判定为发生了跨学科知识流动。基于该认知,应明确的是两个学科中同时存在的知识即学科交叉知识并不等同于跨学科知识,而是经历过跨学科引用的学科交叉知识才是跨学科知识。此外,有研究表明跨学科程度越高的主题越有可能是新兴主题[3],同时突变词的发生往往也预示着潜在主题的发现[4],由此可以认为学科知识流动与知识突变存在较强的关联性,可通过对突现知识的检测来探测跨学科知识流动现象。为了更高效地识别出发生了跨学科知识流动现象的知识,本节首先进行了学科交叉知识的识别,随后进行了交叉知识的突现情况分析,以识别突现知识,从而为后续的跨学科知识识别奠定基础。

(1)学科交叉知识识别。目前识别学科交叉知识的思路主要是寻找两个或多个学科内知识的交集。假设存在学科 A 与学科 B,若某一知识同时出现在学科 A 与学科 B 中,且在

---

[1] Stirling A. A general framework for analysing diversity in science, technology and society[J]. Journal of the Royal Society interface, 2007, 4(15): 707-719.

[2] Leydesdorff L, Wagner C S, Bornmann L. Interdisciplinarity as diversity in citation patterns among journals: Rao-Stirling diversity, relative variety, and the Gini coefficient[J]. Journal of informetrics, 2019, 13(1): 255-269.

[3] 陈虹枢, 宋亚慧, 金茜茜, 等. 动态主题网络视角下的突破性创新主题识别: 以区块链领域为例[J]. 图书情报工作, 2022, 66(10): 45-58.

[4] 彭国超, 孔泳欣, 王玉文. 多维指标融合的主题突变检测研究[J]. 情报学报, 2022, 41(06): 584-593.

两个学科中都具有一定的频次，则可称其为学科 A 与学科 B 间的交叉知识。利用该思路寻找交叉知识时，若对学科内的所有期刊进行研究，则会具有较高的时间成本。为了提高识别效率，本节将目标学科内研究的期刊限定为核心期刊，称其为核心期刊集 B，并统计了核心期刊集 B 对其他学科内期刊的引用情况，选出了其他学科内被引用频次较高的期刊称其为核心期刊集 A，最后在核心期刊集 B 与核心期刊集 A 中都达到一定频次的知识即为学科交叉知识。

（2）知识突现分析。在识别出学科交叉知识后，下一步就是从中识别突现知识。突现知识是指那些先前未出现或较少出现，却又在某一时间段内突然频繁或大量出现于特定主题、领域或学科内的知识[1]。本节通过以下步骤来进行知识突现分析。

①知识频次逐年统计。以年为单位，统计学科交叉知识在不同年份的频次。

②突现率计算。通过公式(5.1)计算知识频次的隔年增长率，并通过公式(5.2)计算知识突现率，若存在某一时间点知识的突现率大于 100%，则将视为其发生了突现：

$$R_{增长} = \frac{F_{x*}}{F_x} \tag{5.1}$$

其中，$R_{增长}$ 为知识增长率；F_{x*} 为第二年的知识频次；F_x 为第一年的知识频次。

$$R_{突现} = R_{增长} - 100\% \tag{5.2}$$

其中，$R_{突现}$ 为知识突现率。

5.2.2 知识跨学科引用强度测度

在识别出突现知识后，需进一步分析知识是否发生了跨学科流动现象以及测定知识的跨学科引用强度，并通过跨学科引用强度来衡量知识引用其他学科相关概念的程度。知识间的跨学科引用强度通常可借由引文关系测度[2]，本书认为若知识在目标学科突现时引用了其他学科的文献，则说明该知识引用了其他学科的概念，并通过公式(5.3)计算跨学科率，来衡量知识的跨学科引用强度：

$$R_{跨学科} = \frac{L_{跨学科}}{L_{总}} \tag{5.3}$$

其中，$R_{跨学科}$ 为知识跨学科率，对目标学科中的一个突现知识而言，该知识以关键词的形

---

[1] 刘敏娟，张学福，颜蕴. 基于核心词、突变词与新生词的学科主题演化方法研究[J]. 情报杂志，2016, 35(12): 175-180.

[2] Chakraborty T, Ganguly N, Mukherjee A. Rising popularity of interdisciplinary research—An analysis of citation networks [C]//2014 Sixth International Conference on Communication Systems and Networks (COMSNETS). IEEE, 2014: 1-6.

式分布在学科内的不同文献中,本节将这些关键词分布的文献称为知识依附文献,每个知识依附文献都有若干个参考文献,对于一个知识依附文献来说,若其参考文献中有一篇及以上的文献来自其他学科,则将其标记为跨学科知识依附文献;$L_{跨学科}$为知识依附文献中的跨学科知识依附文献数;$L_{总}$为知识依附文献总数,即某一知识的$R_{跨学科}$等于其对应的所有知识依附文献中的跨学科知识依附文献的比率。

5.2.3 知识跨学科概念变化程度测度

知识的突现率测度与跨学科引用强度主要是面向知识流入阶段的知识特征分析,而在概念创新阶段则应关注知识被引入目标学科后,其概念是否发现变化及其变化程度,跨学科知识之间的概念相似性衡量也是目前跨学科研究中亟待解决的问题之一[①]。本节引入网络科学中节点同配性的相关概念来进行知识跨学科概念变化程度的测度。

在网络科学研究中将枢纽节点间的互相连接现象称为节点间的同配性,若网络中度值大的节点更倾向于与度值大的节点相连则可将网络称为同配网络[②]。受到网络科学中同配性概念的启发,本书认为可以通过节点间关联的维系情况来分析知识的概念变化情况,并将这种分析方法称为跨学科同配性分析。在本节中,跨学科同配性分析主要是探讨在其他学科中具有较强共现关系的知识在目标学科中是否也能维系较强的关联,若知识X_1与知识X_2在其他学科A内具有较强的共现关系,且知识X_1与知识X_2在被引入目标学科B后也具有较强的共现关系,则称知识X_1与知识X_2在学科A与学科B之间具有一定的跨学科同配率。从同配性的测度方式可以看出,同配率越高则知识概念变化程度越低,反之,同配率越低则知识概念变化程度越高。进行跨学科同配率测度的步骤如下。

(1)分析目标学科知识共现情况。对于被跨学科引用过的交叉学科知识即跨学科知识,设置阈值λ,统计目标学科内的领域知识与跨学科知识间的共现频次,随后将目标学科内的领域知识按共现频次进行降序排列,选取序列在λ的知识并以该知识的共现频次为基准,选取共现频次达到基准的领域知识构成知识集K_1。

(2)分析其他学科知识共现情况。统计其他学科内的领域知识与跨学科知识间的共现频次,随后将其他学科内的领域知识按共现频次进行降序排列,选取序列在λ的知识,并以该知识的共现频次为基准,选取共现频次达到该基准的领域知识构成知识集K_2。

---

① Zhou H, Guns R, Engels T C E. Towards indicating interdisciplinarity: Characterizing interdisciplinary knowledge flow[J]. Journal of the Association for Information Science and Technology, 2023, 74(11): 1325-1340.

② Newman M E J. Mixing patterns in networks[J]. Physical Review E Statistical Nonlinear & Soft Matter Physics, 2003, 67(2): 241-251.

(3) 跨学科同配率测度。在知识共现分析的基础上，进一步通过跨学科同配率来衡量知识概念在学科间的相似程度。本节通过公式(5.4)来计算跨学科同配率。

$$R_{同配} = \frac{F_k}{\text{sum}K_2} \tag{5.4}$$

其中，$R_{同配}$为跨学科知识在从其他学科被引入到目标学科后该知识的跨学科同配率；F_k为知识集K_1与知识集K_2的交集数，通过$R_{同配}$可以衡量知识在被引入目标学科后该知识相关的知识组合保留程度，$R_{同配}$值越大则保留度越高，$R_{同配}$值越小则保留度越低。此外，在测度同配率时，考虑到文献被引后其影响力大小随时间的变化情况，在进行知识共现分析时应设置一定的时间间隔，有研究指出文献被引量的峰值一般在2~3年出现[①]，由此，本节将知识流入与概念创新阶段间的分析间隔设置为2年，即对每一个知识来说同配率的测度基于其被跨学科引用后两年内的共现数据进行。

5.2.4 跨学科知识分类

通过跨学科率可以衡量知识的跨学科引用强度，通过同配率可以衡量知识跨学科后的概念变化情况，在测度两者的基础上，本节进一步将两者结合来进行跨学科知识的分类。知识分类步骤为：首先，基于跨学科率分布，将知识划分为高引用强度知识与低引用强度知识；随后，基于同配率分布，将知识划分为高度同配知识与低度同配知识；最后，结合跨学科率与同配率的划分结果，将知识分类为图5.3所示的四种类型。

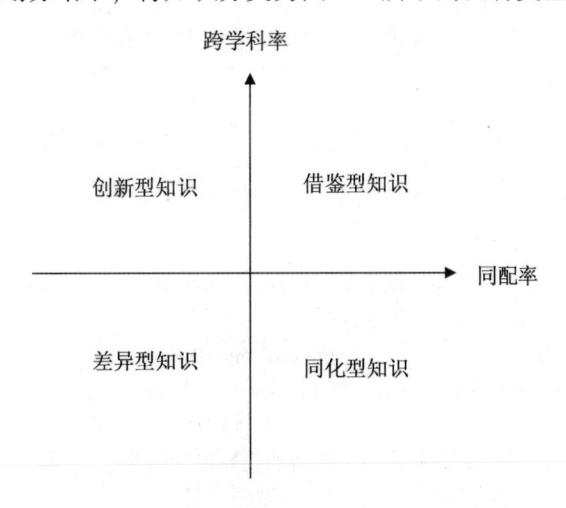

图5.3 跨学科知识分类标准

---

① Song Y, Ma F, Yang S. Comparative study on the obsolescence of humanities and social sciences in China: under the new situation of web[J]. Scientometrics, 2015, 102: 365-388.

在图5.3中，跨学科率与同配率都较高的知识被称为借鉴型知识，这类知识从目标学科借用的概念较为丰富，且进入其他学科后概念变化程度也较低，其仍对其他学科有较高的依赖；跨学科率较高而同配率较低的知识被称为创新型知识，这类知识虽然从目标学科借用了较多概念，但进入其他学科后，其概念变化程度较高，在其他学科中发展出了不同的方向；跨学科率较低而同配率较高的知识被称为同化型知识，这类知识虽然并未从其他学科中借用较多概念，但该知识概念在两个学科中较为相似，知识具有较强的概念扩散与同化能力；跨学科率与同配率均较低的知识被称为差异型知识，这类知识从其他学科借用的概念较少，且该知识概念在两个学科中差异较大，即两个学科对该知识的认知存在较为明显的区别。

5.3 跨学科知识分类研究实证

1. 数据来源与预处理

本节在进行实证研究时所选择的目标学科为图书情报学科，其中包括图书馆学与情报学两个二级学科，这两个二级学科的关联性较高[1]，且具有较强的跨学科性[2]，以其为研究对象具有较好的普适性。选择的其他学科为计算机科学与技术学科，一方面，该学科与图书情报学科之间具有较为密集的知识交流现象[3][4]，另一方面，图书情报学科的学者也有一定倾向将成果发表于该学科期刊中[5]，即该学科与图书情报学科在跨学科知识流动中存在较强关联。

采集的数据来自"中国社会科学引文数据库"，首先采集了图书情报学科18本CSSCI期刊（核心期刊集B）2012年1月—2021年12月的引文文献数据。随后，在对引文进行数

---

[1] Huang M H, Chang Y W. A comparative study of interdisciplinary changes between information science and library science[J]. Scientometrics, 2012, 91(3): 789-803.

[2] Chang Y W, Huang M H. A study of the evolution of interdisciplinarity in library and information science: Using three bibliometric methods[J]. Journal of the American Society for Information Science and Technology, 2012, 63(1): 22-33.

[3] 黄颖, 虞逸飞, 陈婧涵, 等. 跨学科视角下图情档的外部学科融合与内部知识流动[J]. 图书情报工作, 2023, 67(01): 117-130.

[4] Chen C, Li Q, Chiu K, et al. The impact of Chinese library and information science on outside disciplines: A citation analysis[J]. Journal of Librarianship and Information Science, 2020, 52(2): 493-508.

[5] Chang Y W. Exploring the interdisciplinary characteristics of library and information science (LIS) from the perspective of interdisciplinary LIS authors[J]. Library & information science research, 2018, 40(2): 125-134.

据分析的基础上，找出了计算机科学与技术学科内《中文信息学报》《计算机科学》与《计算机应用研究》等 10 本被核心期刊集 B 引用频次最高的期刊构成核心期刊集 A，考虑到计算机学科文献半衰期为 4 年左右[①]，采集其 2008 年 1 月—2021 年 12 月的文献数据。此外，在进行知识突现与跨学科引用分析时，发现知识的跨学科引用集中于 2020 年之前，2021 年 12 月之前的数据已可用于进行同配率分析，故未采集 2022 年之后的数据。采集完文献数据后，统计图书情报及计算科学与技术学科中关键词的出现频次，结果如表 5.1 与表 5.2 所示。

表 5.1　图书情报学科关键词频次

序号	关键词	频次	频次累积百分比/%
1	高校图书馆	1 510	1.3
2	图书馆	1 478	2.6
3	公共图书馆	804	3.2
4	大数据	741	3.9
5	影响因素	618	4.4
6	阅读推广	447	4.8
7	数字图书馆	433	5.1
8	网络舆情	418	5.5
9	情报学	360	5.8
10	知识服务	342	6.1
…	…	…	…
38 840	能力素质	1	100.0

表 5.2　计算机科学与技术学科关键词频次

序号	关键词	频次	频次累积百分比/%
1	技术创新	1 593	0.8
2	创新绩效	814	1.2
3	影响因素	766	1.6
4	科技创新	728	2.0
5	自主创新	705	2.3
6	创新	677	2.7

---

① 王丽雅. 基于 CNKI 的计算机科学学科半衰期分析[J]. 图书与情报, 2015(01): 100-105.

续表

序号	关键词	频次	频次累积百分比(%)
7	产业集群	654	3.0
8	知识产权	534	3.3
9	协同创新	520	3.5
10	创新能力	466	3.8
…	…	…	…
65 358	词义相似度	1	100.0

2. 学科交叉知识识别

在得到表5.1与表5.2中的数据后,通过5.2节所提步骤即可进行学科交叉知识的识别。在识别时,基于对知识提取数目及重要性的考虑,选取图书情报及计算机科学与技术学科内累积频次百分比在前30%的关键词,取关键词交集为学科交叉知识,共识别出81个学科交叉知识。此外,81个知识中存在"综述""服务""模式"等一般性知识,本书认为通过这些知识难以反映出不同学科间的差异,故剔除了这些知识,最后保留了71个具有较强学科特征的知识,结果如表5.3所示。

表5.3 学科交叉知识

序号	知识	序号	知识	序号	知识	序号	知识
1	深度学习	19	物联网	37	用户行为	55	文本聚类
2	支持向量机	20	社交网络	38	主题模型	56	数据共享
3	卷积神经网络	21	关联规则	39	条件随机场	57	领域本体
4	数据挖掘	22	区块链	40	文本挖掘	58	资源共享
5	大数据	23	推荐系统	41	个性化推荐	59	生命周期
6	云计算	24	仿真	42	评价指标	60	语义网
7	特征提取	25	相似度	43	信息抽取	61	LDA
8	神经网络	26	情感分析	44	电子商务	62	信息共享
9	聚类	27	聚类分析	45	信息系统	63	移动互联网
10	本体	28	人工智能	46	搜索引擎	64	数据分析
11	机器学习	29	信息安全	47	信息传播	65	知识表示
12	服务质量	30	信息检索	48	词向量	66	数据驱动
13	隐私保护	31	自然语言处理	49	知识库	67	BERT
14	协同过滤	32	社会网络	50	指标体系	68	数据质量

续表

序号	知识	序号	知识	序号	知识	序号	知识
15	复杂网络	33	知识管理	51	语义相似度	69	云服务
16	知识图谱	34	层次分析法	52	电子政务	70	网络结构
17	文本分类	35	元数据	53	数据管理	71	语义标注
18	网络安全	36	数据库	54	知识发现		

3. 突现知识识别

在识别出表 5.3 中的学科交叉知识后，即可在此基础上进行知识突现分析以识别突现知识，首先统计表 5.3 中的 71 个知识在 2012 年 1 月—2021 年 12 月于图书情报学科 CSSCI 期刊内的逐年频次，结果如表 5.4 所示。

表 5.4 图书情报学科学科交叉知识逐年频次

序号	知识	2012 年	2013 年	2014 年	2015 年	2016 年	2017 年	2018 年	2019 年	2020 年	2021 年
1	深度学习	0	0	0	1	6	12	26	32	59	58
2	支持向量机	2	6	4	2	6	8	6	11	7	4
3	卷积神经网络	0	0	0	0	0	3	9	14	8	11
4	数据挖掘	29	21	27	26	15	24	25	18	15	15
5	大数据	9	39	71	103	133	127	116	104	98	59
6	云计算	53	38	37	28	13	13	14	6	5	5
7	特征提取	2	1	5	3	6	4	8	9	3	7
8	神经网络	4	2	3	3	3	8	8	9	6	12
9	聚类	8	9	11	4	8	8	10	5	5	7
…	…	…	…	…	…	…	…	…	…	…	…
71	语义标注	5	11	9	7	5	2	5	1	2	5

基于公式(5.1)与公式(5.2)对表 5.4 中的数据进行处理，计算图书情报学科内学科交叉知识的突现率(在计算时若 F_x 值为 0 则将其值视为 1)，在计算突现率时考虑到知识的增长存在峰值，在峰值之后突现率指标可能难以反映知识突现的真实情况，故仅计算知识频次第一次达到峰值之前的突现率，以知识"大数据"为例，其频次在 2016 年达到峰值，

在计算突现率时仅对2016年及之前的年份进行计算，结果如表5.5所示。

表5.5 图书情报学科交叉知识突现率

序号	知识	2013年	2014年	2015年	2016年	2017年	2018年	2019年	2020年	2021年
1	深度学习	0%	0%	0%	500%	100%	117%	23%	84%	
2	支持向量机	200%	−33%	−50%	200%	33%	−25%	83%		
3	卷积神经网络	0%	0%	0%	0%	200%	200%	56%		
4	数据挖掘	—								
5	大数据	333%	82%	45%	29%					
6	云计算	—								
7	特征提取	−50%	400%	−40%	100%	−33%	100%	13%		
8	神经网络	−50%	−50%	200%	0%	167%	0%	13%	−33%	100%
9	聚类	13%	22%							
…	…	…	…	…	…	…	…	…	…	…
71	语义标注	120%								

结合表5.4对表5.5中的数据进行分析，可以发现"数据挖掘""云计算"等16个知识在2012年频次就达到了峰值，故未计算其突现率，而在其他55个知识中共有"深度学习""支持向量机"等29个知识满足突现知识的筛选标准，即在某一时间点，其突现率大于100%，故共识别出29个突现知识。

4. 突现知识跨学科率计算

在突现知识识别的基础上，进一步通过公式(5.3)来进行突现知识的跨学科率计算，计算跨学科率时需要对分析时段进行选择，本节选择知识突现率第一次大于100%时的时间节点进行分析，该时间节点是知识首次在学科内突现，具有较强的分析意义，此外，考虑到知识的突现也具有一定的周期性，故在分析时选择时间跨度为两年。例如，对于知识"深度学习"来说，其突现率在2016年首次大于100%，则分析其跨学科率的时间段为2015—2016年，$L_{跨学科}$为2015—2016年该知识的跨学科知识依附文献数（跨学科文献为核心期刊集A中的文献），$L_{总}$为2015—2016年该知识的知识依附文献总数。突现知识的跨学科率计算结果如表5.6所示。

表 5.6 突现知识的跨学科率

知识	$L_{总}$	$L_{跨学科}$	$R_{跨学科}/\%$
深度学习	7	3	42.9
支持向量机	8	5	62.5
卷积神经网络	3	3	100.0
大数据	48	20	41.7
特征提取	6	5	83.3
神经网络	4	0	0.0
机器学习	12	9	75.0
服务质量	29	1	3.5
隐私保护	16	5	31.3
网络安全	4	0	0.0
…	…	…	…
语义标注	16	13	81.3

在表 5.6 所示的结果中，29 个突现知识中仅有"神经网络""网络安全"等 5 个知识的跨学科率为 0，其他的 24 个突现知识都具有一定的跨学科率，依据本节的认定标准，这 24 个知识都被视为跨学科知识。从比例来看，有 82.8% 的突现知识为跨学科知识，这也证明了 2.1 节所提的"跨学科知识流动与知识突变存在较强的关联性"这一观点。

5. 跨学科知识同配率计算

对于 24 个跨学科知识，按照 5.2 节所述步骤，分析其被引用后两年内的共现情况，在进行共现分析时，为了控制知识集 K_1 与 K_2 中的知识数量以及知识共现强度，本节将 λ 的值设置为 5，图书情报学科内与 24 个跨学科知识具有较强共现关系的知识即知识集 K_1 如表 5.7 所示，计算机科学与技术学科内与 24 个跨学科知识具有较强共现关系的知识即知识集 K_2 如表 5.8 所示。

表 5.7 图书情报学科知识共现情况

跨学科引用知识	知识集 K_1
卷积神经网络	深度学习；支持向量机；网络舆情；人工智能；主题模型……
条件随机场	命名实体识别；深度学习；实体识别；数字人文；机器学习……
BERT	深度学习；数字人文；关系抽取；知识图谱；文本分类……

续表

主题模型	LDA；竞争情报；引文分析；社交网络；领域本体……
	……
大数据	图书馆；知识服务；竞争情报；云计算；信息服务……

表 5.8 计算机科学与技术学科知识共现情况

跨学科引用知识	知识集 K_2
卷积神经网络	深度学习；特征提取；图像分类；支持向量机；情感分析……
条件随机场	命名实体识别；深度学习；序列标注；双向长短时记忆网络；注意力机制……
BERT	深度学习；自然语言处理；文本分类；命名实体识别；图卷积网络……
主题模型	微博；文本挖掘；LDA；自适应；协同过滤……
	……
大数据	MAPREDUCE；云计算；HADOOP；数据挖掘；数据分析

表 5.7 与表 5.8 中分别显示了图书情报以及计算机科学与技术学科内的知识共现情况，以知识"卷积神经网络"为例，与其共现的知识集 K_1 包含"深度学习""支持向量机"等 20 个知识，与其共现的知识集 K_2 包含"深度学习""特征提取"等 7 个知识。K_1 与 K_2 的知识交集包含"深度学习""特征提取""支持向量机"和"词向量"共 4 个知识。据此，可以通过公式(5.4)计算得到"卷积神经网络"在图书情报及计算机科学与技术学科间的 $R_{同配}$ 值，即为 4/7＝57.1%。知识同配率结果如表 5.9 所示。

表 5.9 知识同配率

跨学科引用知识	F_k	sumk_2	$R_{同配}$/%
深度学习	3	6	50.0
支持向量机	2	8	25.0
卷积神经网络	4	7	57.1
大数据	2	5	40.0
特征提取	1	10	10.0
机器学习	2	6	33.3
服务质量	0	0	0.0
隐私保护	0	6	0.0

续表

跨学科引用知识	F_k	$sumK_2$	$R_{同配}/\%$
区块链	1	6	16.7
相似度	1	7	14.3
……			
语义标注	1	11	9.1

6. 跨学科知识分类结果

基于跨学科率与同配率计算结果，即可依据5.2节所述思路实现对跨学科知识的分类，在分类时本节以跨学科知识跨学科率与同配率的均值为标准，进行跨学科率与同配率的高低划分，即值大于均值为高，小于均值为低，随后得到如图5.4所示的知识分类波士顿矩阵图。

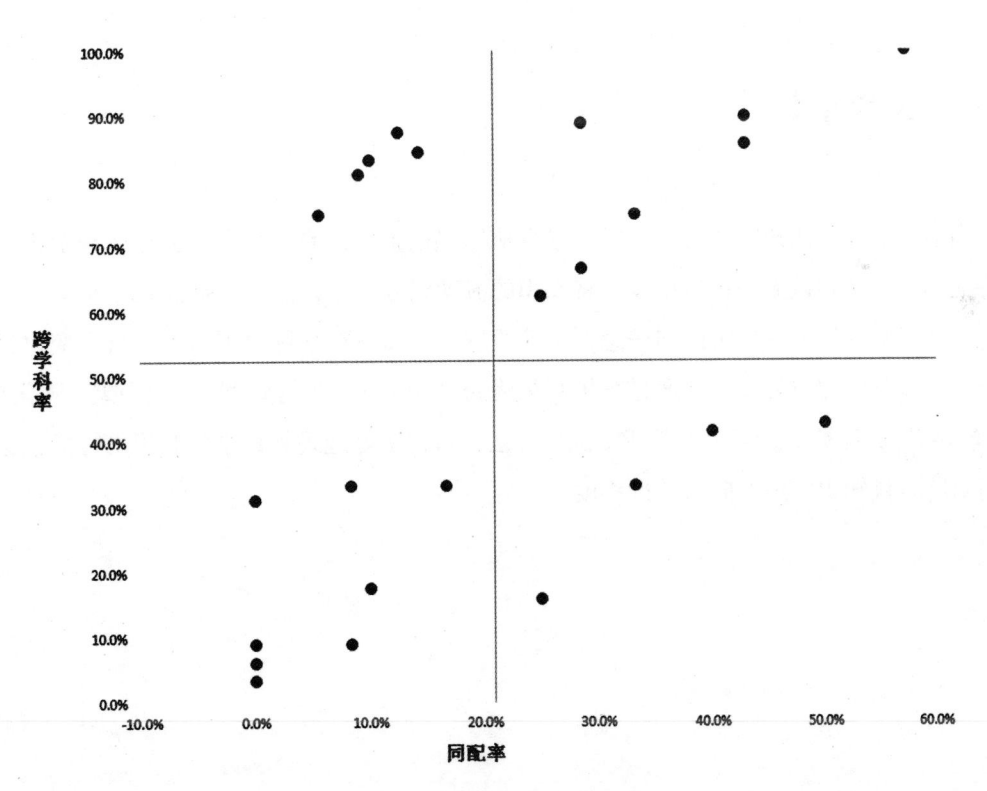

图 5.4　知识分类波士顿矩阵图

7. 结果讨论

基于实证分析结果，可以得出以下两个主要结论。

（1）知识突现与知识跨学科流动具有较强关联。从分析结果来看，绝大部分突现知识都伴随着知识流动现象，突现知识的产生很有可能标志着发生了跨学科知识引用，本节研究进一步验证了可以通过对突现知识的识别来检测跨学科知识流动的结论。

（2）从知识流动视角分类跨学科知识具有较好效果。从知识分类结果来看，基于跨学科率与同配率对知识进行分类，有助于对知识发展特点及其应用方式的掌握。例如，对于"BERT"等借鉴型知识，图书情报学科的学者目前更多还是从计算机科学与技术学科中直接采用相关成果，在对这类知识的应用上可倾向于以借用为主，而对于"主题模型"等创新性知识，图书情报学科的学者可以从计算机科学与技术学科中吸收相关知识并进行本土化改进，将研究重点放在与本学科知识的结合上。对于"大数据"等同化型知识以及"数据质量"等差异型知识，学者则应注意知识在不同学科内的概念异同之处，将知识与本学科研究特长结合。此外，本节虽未进行知识反流阶段的跨学科知识特征分析，但从知识分类结果来看，本书认为最应关注"创新型"知识的反流，探究知识概念发生变化并回到原来学科后会对知识来源学科产生何种影响。

5.4 本章小结

当前，学界在认知跨学科知识时，较少从知识概念变化的角度出发去分析跨学科知识的特征。本节从知识流动视角出发，将知识的流动划分为知识流入、概念创新与知识反流阶段，并分别在知识流入阶段与概念创新阶段进行了知识跨学科引用强度与概念变化程度的测度，以分析知识特征，并通过分析结果将跨知识划分为"借鉴型""创新型""同化型"和"差异型"四种类型。基于本节所提测度方法，可以更好地理解跨学科知识的特征，也能提高对跨学科知识应用方向的掌握程度。

第6章 基于核心期刊的跨学科知识识别

核心期刊的概念起源于布拉德福所提出的期刊分布规律,其指出对于某一学科或主题来说,大量的与该学科或主题相关的研究论文会分布在少数期刊上,从而形成核心区。在此基础上,加菲尔德从20世纪70年代起开始进行核心期刊的评选,从此,核心期刊的概念正式进入大众视野。在国内,核心期刊通常是指那些发表某学科或某领域论文较多、使用率较高以及学术影响力较大的期刊,即期刊想要被识别为核心期刊,则必须在论文数量或论文质量上达到相应的标准[1]。通过识别核心期刊并制定核心期刊目录,可以帮助研究人员确定所要查阅的重点期刊,快速找到所需的论文资源,从而加快研究进展,因此核心期刊的识别对于学术研究工作具有重要意义。

目前核心期刊的识别主要围绕某一学科进行,即以某一固定学科为起点,确定学科内研究主题范畴,并寻找到与研究主题关联性较强的期刊,随后对期刊进行刊载论文数量及质量的评价,从而确定该学科的核心期刊目录。这种围绕学科进行的核心期刊识别可以帮助研究人员发现与特定学科相关的重要论文,时至今日仍发挥着重要的作用。但随着跨学科研究现象越加频繁,仅仅帮助研究人员去发现与某一学科相关的重要文献已无法满足研究人员日益增长的实际需求。现今,跨学科研究的潜力被不断挖掘,各种横跨两个乃至更多学科的研究主题受到学界关注,也迫使研究人员去开阔视野,了解与掌握其他学科的知识。在这一过程中,如何寻找与自己研究关联较强的其他学科论文无疑是研究人员需要面对的问题,而跨学科核心期刊的识别正是解决这一问题的重要手段。

在本节中,跨学科核心期刊的识别是指以某一学科起点,寻找并评价那些对该学科研究进展具有重要影响的来自其他学科的期刊的过程,在此过程中找到的对该学科发展具有重要影响的期刊即跨学科核心期刊。本节的目的在于通过跨学科核心期刊识别来帮助隶属

---

[1] 张积玉. 学术期刊影响力及其评价指标体系的构建[J]. 陕西师范大学学报(哲学社会科学版), 2010, 39(05): 70-76.

于某一学科的研究人员快速定位到与本身学科相关的跨学科重要资源，把握跨学科形势，提高跨学科核心知识的发现效率。主要进行了以下两个问题的探讨：①如何通过布拉德福定律对跨学科知识的分布进行测度并实现跨学科核心期刊的识别。②识别的跨学科核心期刊是否能帮助学者快速找到所需的跨学科文献。

6.1 相关工作概述

6.1.1 核心期刊识别

目前，核心期刊主要是指被国外的 SCI、SSCI、A&HCI 以及国内的 CSCD、CSSCI 等期刊文献索引数据库所收录的期刊[1]，而这些索引数据库收录期刊的标准则主要涉及对期刊规范性、文学性和质量等指标的考查。例如，SCI、SSCI 与 A&HCI 索引数据库的收录标准包括对期刊出版物编号、出版商、审查政策、学术内容、语言问题和内容质量等 28 项指标的审核与评估[2]。

在上述索引数据库外，相关学者也对各种期刊排名方法与各类评价指标做了对比研究，以评估各方法与指标在核心期刊识别中的效用。Lowry 等比较了专家评价方法与文献计量学指标如期刊被引频率、h 指数和社会网络分析指数在期刊评价工作中的差异性，发现两种方法得到的情况评价结果较为相似，并指出文献计量学方法可以作为专家评价法的替代来识别高质量期刊[3]；Pajić 对影响因子、SJR、IPP、SNIP 等常见的 7 个期刊评价指标进行了评价稳定性方面的对比，发现通过 5 年引用窗口指标能得到稳定性更好的结果，SNIP 指标在进行跨学科评价时稳定性更好[4]；Tüselmann 等采用全球元排名方法进行了对国际商务领域期刊的评估，该方法以 JQL 中的期刊排名列表为主要参考，并引入了期刊声

---

[1] 刘永红. 学术著作出版的选题机制：价值、指标及流程[J]. 中州学刊, 2023(08)：165-170.
[2] Clarivate Analytics. Web of Science Journal Evaluation Process and Selection Criteria ［EB/OL］.（2024-07-01）［2024-10-15］. https：//clarivate. com/products/scientific - and - academic - research/research - discovery- and - workflow - solutions/webofscience - platform/web - of - science - core - collection/editorial - selection-process/editorial-selection-process/.
[3] Lowry P B, Gaskin J, Humpherys S L, et al. Evaluating journal quality and the association for information systems senior scholars' journal basket via bibliometric measures：Do expert journal assessments add value？［J］. MIS quarterly, 2013：993-1012.
[4] Mingers J, Yang L. Evaluating journal quality：A review of journal citation indicators and ranking in business and management[J]. European journal of operational research, 2017, 257(1)：323-337.

誉与近年影响因子等指标衡量了各排名列表的重要性，随后以 DEA 方法完成对期刊的综合排名[1]；Mingers 等通过 h 指数、SJR、SNIP 与 Eigenfactor 等指标完成了对期刊的评价，并将所得结果与英国商学院协会的期刊排名结果进行对比，发现在所有指标中，h 指数与 SNI 表现较好，即考虑期刊持续产出与不同领域间的差异能提升期刊评估效果[2]；辛督强等采用因子分析法对物理学中文核心期刊进行了综合评价，并将其与基于总被引频次与影响因子的结果进行对比，发现通过因子分析法来对期刊的多类指标进行综合衡量能有效提高评估的准确性[3]；韩松涛等认为期刊质量、刊文质量和论文作者机构间存在着相互吸引的"双高集中"现象，并基于该现象通过构建学术圈进行了期刊质量的评估与排名，向期刊投稿的来自一流机构的文章越多，则该期刊排名越高[4]。

通过回顾相关研究，可以发现，目前单一指标难以准确衡量期刊的重要程度，相关研究主要通过对多个指标进行综合来得到最终的衡量结果。而在衡量方式上，则主要包括专家评分法与文献计量学方法，前者的评价通常较为准确，但需耗费大量的人力资源且具有一定的主观性，后者的客观性较强，但在涉及特定主题或学科时可能表现不佳。而在进行跨学科核心期刊识别时，若采取专家评分法则需要专家具有跨学科的知识背景，极有可能导致成本的进一步增加，因此本节在进行跨学科核心期刊识别时主要还是采用基于文献计量学的方法。

6.1.2 期刊影响力评价

期刊影响力评价研究与核心期刊识别研究具有较强的相关性，即期刊影响力大小可以作为衡量期刊是否是核心期刊的重要依据。期刊影响力评价的主要目的在于衡量目标期刊对其他期刊、学者或论文等学术实体所产生的影响程度，目前相关研究主要通过引文关系[5]或替代计量指标[6]来衡量期刊的影响力。Zhang 结合了 PageRank、论文引用关系以及学

---

[1] Tüselmann H, Sinkovics R R, Pishchulov G. Revisiting the standing of international business journals in the competitive landscape[J]. Journal of World Business, 2016, 51(4): 487-498.

[2] Pajić D. On the stability of citation-based journal rankings[J]. Journal of Informetrics, 2015, 9(4): 990-1006.

[3] 辛督强, 韩国秀. 因子分析法在科技期刊综合评价中的应用[J]. 数理统计与管理, 2014, 33(01): 116-121.

[4] 韩松涛, 李洁, 金佳丽, 等. 基于关联重言的人文社科期刊评价量化模型探索[J]. 情报学报, 2023, 42(06): 702-710.

[5] Thelwall M. Journal impact evaluation: A webometric perspective[J]. Scientometrics, 2012, 92(2): 429-441.

[6] Lu Kun, Ajiferuke I, Wolfram D. Extending citer analysis to journal impact evaluation[J]. Scientometrics, 2014, 100(1): 245-260.

者 h 指数指标进行了期刊的影响力评价,具体步骤为在论文引用强度中加权引用作者的学术地位,随后通过文章间的引用关系构建论文引用网络,并通过网络来进行期刊影响力评价[①];Ujum 等使用图论方法将期刊引用矩阵构建为有向网络,并借助 Power-Weakness 范式的思想衡量了期刊影响其他期刊的程度以及被其他期刊影响的程度,从而进行了期刊影响力评价[②];黄明睿通过对期刊载文量与学科扩散指数等评价期刊影响力的指标进行相关性分析,发现期刊的载文量与期刊的影响力指标间具有显著的相关关系[③];赵蓉英等从学术影响力、社会影响力与共被引网络影响力三个维度出发,构建了期刊影响力评价模型,并比较了各维度内及维度间指标的相关性,发现整体而言,三个维度的指标具有一定的正相关关系[④]。

对基于引文的方法与替代计量指标的期刊影响力评价研究进行对比,可以发现引文方法主要包括通过被引频次、影响因子等可以直接统计或是加权计算得到的引文指标来对期刊影响力进行直观评价的方式,以及通过引文关系构建网络,随后通过期刊网络来衡量期刊影响力的间接评价方式。而替代计量方法则主要是通过论文在其他平台的被提及数或下载数等指标来进行期刊影响力的间接评价。相比较而言,基于引文的方法可以更好地衡量期刊对某一具体学术实体的影响程度,在本节中也主要借鉴引文方法来衡量期刊上跨学科知识的分布情况,进而实现对期刊跨学科影响力的评价。

6.1.3 跨学科核心期刊识别

早期,根据布拉德福定律,在某一学科领域内核心期刊主要是指那些大量刊载该领域科技文献的期刊。随着研究的发展,在确定核心期刊时,也会对期刊所刊载的科技文献质量做出要求。因此,现在核心期刊其定义较为贴近于"刊登与某一学科或专业有关的论文较多且质量较高,能够反映该学科的最新研究成果及发展趋势的那些期刊"[⑤]。

根据核心期刊的定义,可以将具有跨学科特征的核心期刊称为跨学科核心期刊,跨学

[①] Zhang FuLi. Evaluating journal impact based on weighted citations[J]. Scientometrics, 2017, 113: 1155-1169.

[②] Ujum E A, Kumar S, Ratnavelu K, et al. A new journal power-weakness ratio to measure journal impact[J]. Scientometrics, 2021, 126: 9051-9068.

[③] 黄明睿. 载文量对科技期刊影响力评价的影响[J]. 中国科技期刊研究, 2015, 26(07): 749-757.

[④] 赵蓉英, 王旭. 多维信息计量视角下学术期刊影响力评价研究——以国际 LIS 期刊为例[J]. 中国科技期刊研究, 2019, 30(07): 773-781.

[⑤] 肖明, 孔成果. 2013年我国图书馆学情报学发展前沿文献计量分析[J]. 图书馆学研究, 2014, 343(20): 6-15.

科核心期刊应具有与核心期刊相对应的特征：①相较于其他期刊，跨学科核心期刊上刊登的论文所涉及的学科应该较多；②跨学科核心期刊上刊登的成果能反映跨学科的发展趋势；③不同学科的知识会通过跨学科核心期刊而产生关联。

因此，本节所要进行的跨学科核心期刊识别工作即对具有以上特征的期刊的识别。通过对跨学科核心期刊的识别，可以有效辅助对跨学科热点的发现，也能更为便捷地捕捉到学科边界，以及尽早发现新的跨学科研究趋势。

6.1.4 跨学科核心知识识别

从企业的角度出发，核心知识可以指那些能提供竞争优势的知识[①]。从社会科学的角度出发，核心知识是指那些具有真理性的、被学术共同体普遍认可和接受的知识[②]。从某一个学科的角度来看，核心知识可以指在整个知识系统、学科结构中处于轴心地位，对周边知识领域起着统摄、关联作用，发挥结点功能的知识[③]。此外，核心知识也可以被认为是那些处于学科核心地位、对其他知识有重要影响、对解决某类问题起关键作用的知识[④]。

基于对核心知识概念的探讨，本书认为跨学科核心知识应是具有跨学科、多学科特征的知识，其与核心知识之间存在的最大差异即需要通过多学科的视角来对其进行定义。因此，跨学科核心知识应具有如下特征：①能在跨学科研究中产生较大的推动作用，是解决跨学科问题的重点；②在两个或多个学科间起到连接、沟通的作用，通过其，可以实现不同学科间知识的交互、组合；③对一般跨学科知识有重要影响，并且与尚未成为跨学科知识的知识间具有产生联系的可能。

因此，本节所要进行的跨学科核心知识识别工作即对具有以上特征的知识的识别。通过对跨学科核心知识的识别，可以有效推动跨学科问题的解决，加强学科之间的跨学科联系，提高跨学科知识的价值开发效率。

---

① 张少杰，王连芬. 企业知识管理绩效评价的因素分析和指标体系[J]. 情报科学，2004(10)：1153-1155，1175.
② 徐继存. 发展中的中国教学论：问题与思考[J]. 课程. 教材. 教法，2009，29(3)：10-15.
③ 徐宾. 化学学科核心素养的培养策略[J]. 中小学教师培训，2017，366(1)：61-63.
④ 陈明选，邓喆. 教育信息化进程中学习评价的转型：基于理解的视角[J]. 电化教育研究，2015，36(10)：12-19.

6.2 跨学科核心期刊识别方法构建

6.2.1 基于布拉德福定律的识别方法

布拉德福定律由英国著名的文献学家布拉德福在研究文献的分散规律时提出,该定律揭示了文献的集中与分散规律,其文字表述为:"如果将科技期刊按其刊载某专业论文的数量多寡以递减顺序排列则可分出一个核心区和相继的几个区域。每区刊载的论文量相等,此时核心期刊和相继区域期刊数量成 $1:n:n^2$ 的关系。"[①]

目前,布拉德福定律除了用于分析特定领域的期刊或著作的集中与分散情况之外[②],还能用于对特定区域的分析[③],也可以用于分析互联上的网页与网站[④],此外,也能间接地对与期刊或著作相关的学者进行分析[⑤]。虽然应用场景多样,但对目前布拉德福定律的分析对象进行归纳,可以发现目前的对象都在期刊或著作的基础上进行扩展,例如通过布拉德福定律来挖掘核心学者时依靠于对学者发表的科技文献的分析,在分析网页与网站时也基于网页、网站与期刊、著作具有相似的吸附知识的特征。据此可以推断,布拉德福定律应该具有应用于所有与期刊、著作具有关联或存在相似特征的对象中的可能性。基于布拉德福定律可以应用到特定区域这一结论,也能提出布拉德福定律具有分析特定期刊,甚至是分析期刊所载有的特定主题知识的合理猜想。本书认为只要对布拉德福定律进行相应改进,就能将其应用于跨学科期刊识别研究中,进行跨学科期刊集中与分散规律的描述与分析,从而识别跨学科核心期刊。

---

① 邱均平. 信息计量学(四) 第四讲 文献信息离散分布规律——布拉德福定律[J]. 情报理论与实践, 2000(04): 315-314+316-320.

② Garg K, Sharma P, Sharma L. Bradford's law in relation to the evolution of a field. A case study of solar power research[J]. Scientometrics, 1993, 27(2): 145-156.

③ Eto H, Candelaria P. Applicability of the Bradford distribution to international science and technology indicators[J]. Scientometrics, 1987, 11(1-2): 27-42.

④ Faba-Pérez C, Guerrero-Bote V P, Moya-Anegón F. "Sitation" distributions and Bradford's law in a closed Web space[J]. Journal of Documentation, 2003, 59(5): 558-580.

⑤ Chung Y K. Bradford distribution and core authors in classification systems literature[J]. Scientometrics, 1994, 29(2): 253-269.

6.2.2 跨学科知识分布

文献是知识的重要载体，知识大量分布于文献中，基于这一思想，可以认为知识的分布与文献的分布一样，应该存在一定的规律。而对于跨学科知识而言，想要研究其分布情况，首选的研究思路就是从引文关系入手，通过跨学科引用现象来发现跨学科知识并研究其分布规律[①]。本书认为每一次跨学科引用都会有跨学科知识的参与，对一本期刊而言，如果其被跨学科引用的次数越高，则认为该期刊上分布的跨学科知识数量越多，同时该期刊也具备更高的跨学科影响力，这类期刊也就是本节所要识别的跨学科核心期刊。基于对跨学科知识分布与期刊跨学科影响力的探讨，结合布拉德福定律可以进行跨学科期刊的区域划分：假如有多个其他学科的期刊同时被某一学科即目标学科的期刊引用，那么将这些其他学科中的期刊按照其被引频次从高到低进行排序，并划分为不同区域，在保持每个区域中期刊的总被引数相近的情况下，相继区域的期刊数会形成等比数列，等比数列的公比即为布拉德福常数，最后可进一步将区域按被引频次划分为核心区、相关区与非相关区。

6.2.3 跨学科核心期刊识别步骤

基于对布拉德福定律应用规律的总结与跨学科知识分布规律、期刊跨学科影响力的探讨，本节进行跨学科核心期刊识别的具体步骤如下。

(1)假设存在目标学科 A 以及若干其他学科(将其他学科集合称为学科集合 B)，学科集合 B 中有部分期刊(将部分期刊称为期刊集合 C)被学科 A 内的期刊进行了引用，统计期刊集合 C 内期刊被学科 A 内期刊引用的频次，并按引用频次从高到低的顺序对期刊集合 C 内的期刊进行排序，同时将被引用频次相同的期刊进行合并，形成期刊集，随后将被引用频次最高的期刊或期刊集的序号记为 1，将被引用频次最低的期刊或期刊集序号记为 N，在 1 和 N 之间会存在多个期刊或期刊集。

(2)统计期刊或期刊集 N 的被引总数并将其计为 X，以 X 为阈值，从序号 N 开始依次统计期刊与期刊集累积被引次数，每当累积被引数达到 X，则统计达到 X 时的期刊与期刊集被引总数以及上一阶段期刊与期刊集的被引总数，将不同阶段的被引总数与 X 进行比较，选出数值更贴近 X 的阶段，将该阶段内累积的期刊与期刊集分入同一布拉德福区域，

[①] 申力旭，魏绪秋，李长玲，等. 引用动能视角下跨学科知识来源识别——以图书情报学为例[J]. 情报理论与实践，2023，46(03)：30-35+126.

随后继续统计，直到将所有期刊划分到布拉德福区域中。此外，在进行区域划分时，采用维克利对布拉德福定律进行的改进，即可以具有多个布拉德福区域。

（3）将从 N 到 1 的所有期刊与期刊集划分到对应的布拉德福分区域后，统计每个区域的期刊数并计算布拉德福常数，并从区域 1 开始统计区域的累积被引数与累积百分比。依据累积被引数与累积百分比将所有区域重新划分为 3 个区域，即布拉德福核心区、布拉德福相关区与布拉德福非相关区，处于布拉德福核心区的期刊即跨学科核心期刊。

6.3 实证与分析

1. 数据来源

本节在进行研究时所选择的目标学科为图书馆学与情报学学科（后统称为图书情报学科），这两个学科为同一级学科大类下的二级学科，关联紧密且都具有较强的跨学科性，学科内的学者在进行研究时有较多的跨学科知识引用行为，因此，以这两个学科为例进行研究，一方面可以丰富用于研究的目标学科数据，另一方面也能对来自多个不同学科的跨学科核心期刊识别情况进行对比。

进行实证所用的数据来自"中文社会科学引文数据库"。首先从"中文社会科学引文数据库"收集图书情报学领域的 CSSCI 期刊引文数据，收集数据的时间范围为 2012 年 1 月—2022 年 12 月，期刊参考最新的 CSSCI 期刊目录包括"中国图书馆学报""情报学报""图书情报工作""数据分析与知识发现""情报资料工作""情报理论与实践""情报科学""图书情报知识""大学图书馆学报""图书馆杂志""图书馆论坛""图书与情报""图书馆学研究""图书馆建设""情报杂志""图书馆学刊""现代情报"与"信息资源管理学报"。来自"中文社会科学引文数据库"的数据，其格式如表 6.1 所示。

表 6.1 "中文社会科学引文数据库"数据案例

字段	字段值
来源篇名	元宇宙之治：未来数智世界的敏捷治理前瞻
英文篇名	Governance of the Metaverse: A Vision for Agile Governance in the Future Data Intelligence World
来源作者	赵星/陆绮雯
基金	国家自然科学基金面上项目（71874056）/华东师范大学新文科教学改革项目"数智图情——图情学科专业人才培养的新文科转型研究"
期刊	中国图书馆学报

续表

字段	字段值
第一机构	华东师范大学
机构名称	[赵星]华东师范大学.经济与管理学部信息管理系/[陆绮雯]华东师范大学.经济与管理学部信息管理系
第一作者	赵星
中图类号	G250
年代卷期	2022,48(1):52-61
关键词	元宇宙/虚拟空间/数智世界/敏捷治理/知识交流
基金类别	∅
参考文献	张凯.虚拟空间信息交流模式的分析[J].情报理论与实践,2004,(01):81-83+10. Deibert R J, Rohozinski R. Risking security: Policies and paradoxes of cyberspace security [J]. International Political Sociology, 2010, 4(1): 15-32.

如表 6.1 所示,从"中文社会科学引文数据库"上可收集到论文的"来源篇名""英文篇名"等多项字段及字段值。对于收集到的数据,保留其参考文献字段,并统计参考文献字段中各期刊出现的频次,为进行跨学科研究,在统计过程中去除图书情报学以及档案学等同属于信息资源管理一级学科的期刊,随后考虑到各大学学报的研究综合性较强,在进行跨学科研究时可能会影响研究效果,故去除了各大学学报,最后共统计了 5 524 本期刊的出现频次,如表 6.2 所示。

表 6.2 跨学科期刊被引频次

序号	期刊	被引频次	序号	期刊	被引频次
1	科学学研究	2 951	11	计算机应用研究	1 153
2	科技管理研究	1 913	12	计算机工程与应用	1 126
3	电子政务	1 897	13	计算机工程	1 008
4	科研管理	1 814	14	中国软科学	963
5	科学学与科学技术管理	1 755	15	计算机应用	944
6	中文信息学报	1 676	16	软件学报	919
7	中国科技期刊研究	1 634	17	计算机学报	918
8	科技进步与对策	1 593	18	计算机研究与发展	879
9	计算机科学	1 280	…	…	…
10	中国行政管理	1 229	5 524	作物学报	1

2. 核心期刊识别结果

在得到表6.2数据后,按照6.2节所提步骤划分各期刊的布拉德福区域。首先,表6.2中总共有5 524本期刊,其中被引数为1的期刊共有2 001本,将所有被引数为1的期刊视为序号为 N 的期刊集,则阈值 X 为2 001;随后,根据阈值依次划分布拉德福区域,共可得到56个布拉德福分区;最后,统计并计算各区域的期刊数、布拉德福常数、累积被引数与累积被引数百分比,结果如表6.3所示。

表6.3 布拉德福区域划分结果

布拉德福区域	期刊被引数范围	区域被引数	区域期刊数	布拉德福常数	累积被引数	被引数累积百分比/%
n_1	1 914~2 951	2 951	1		2 951	2.7
n_2	1 898~1 913	1 913	1	1.000	4 864	4.4
n_3	1 815~1 897	1 897	1	1.000	6 761	6.1
n_4	1 756~1 814	1 814	1	1.000	8 575	7.8
n_5	1 677~1 755	1 755	1	1.000	10 330	9.4
n_6	1 635~1 676	1 676	1	1.000	12 006	10.9
n_7	1 594~1 634	1 634	1	1.000	13 640	12.4
n_8	1 281~1 593	1 593	1	1.000	15 233	13.8
n_9	1 230~1 280	1 280	1	1.000	16 513	15.0
n_{10}	1 127~1 229	2 382	2	2.000	18 895	17.2
n_{11}	964~1 126	2 134	2	1.000	21 029	19.1
n_{12}	921~963	1 907	2	1.000	22 936	20.8
n_{13}	880~920	1 837	2	1.000	24 773	22.5
n_{14}	849~879	1 753	2	1.000	26 526	24.1
n_{15}	681~848	2372	3	1.500	28 898	26.3
n_{16}	537~680	1 851	3	1.000	30 749	27.9
n_{17}	505~572	2152	4	1.333	32 901	29.9
n_{18}	473~504	1959	4	1.000	34 860	31.7
n_{19}	421~472	1 842	4	1.000	36 702	33.3
...	...	...	...	...	...	...
n_{56}	1	2 001	2 001	2.559	110 108	100.0

从表 6.3 中的结果来看，各区域的布拉德福常数大体上较为接近，多数区域的布拉德福常数分布在 1.0~1.5，借助布拉德福定律来研究跨学科期刊的区域划分具有一定的合理性。参考被引数累积百分比，本节将所有布拉德福区域均分为 3 个分区，其中 n_1~n_{19} 为布拉德福核心区，n_{20}~n_{37} 为布拉德福相关区，n_{38}~n_{56} 为布拉德福非相关区。划分后，n_1-n_{19} 区域中的 37 本期刊即跨学科核心期刊。

随后，为了进一步研究跨学科核心期刊在不同学科中的分布结果，需要将期刊划分到不同学科。国际上的 WoS 分类与国内的 CNKI 分类在对文献进行学科判定时都基于期刊来进行学科划分，但在确定期刊所属的学科时，因为人为因素也会导致划分结果的不理想[1]。导致这一结果的因素包括但不限于期刊会接收来自多个学科的研究成果，以及学者会将学科交叉的研究成果投到不同类别的期刊。本节在划分期刊所属学科时参照了《研究生教育学科专业目录(2022 年)》所划分的一级学科，并结合对期刊上发文作者所属学科的分析确定了期刊的学科。具体步骤为：对某一期刊，在知网上采集其 2022 年度发表的被引频次最高的 5 篇文献，并统计这 5 篇文献第一作者所属学科(作者所属学科参考其最高学位毕业论文中所示学科，若该作者目前正在攻读研究生学位则以其攻读学位为主，若该学科不属于专业目录中的一级学科则不对其进行统计)，随后将期刊归入出现频次最高的学科，若有学科出现频次一样，则以其中具有最高被引数的文献为主。例如，《科学学研究》在 2022 年发表的被引频次最高的 5 篇文献，其作者所属学科分别为生态学、应用经济学、管理学、管理科学与工程，以及管理科学与工程，在不统计管理学的情况下，管理科学与工程出现频次最高，于是将其划分到管理科学与工程学科，这样划分虽然还是难以描绘期刊的学科交叉性，但是通过期刊近年发表的影响力较大的文献来对期刊学科进行划分可以反映出学界对该期刊上研究问题的关注与认可程度，可以大致将期刊划分到其近年来侧重程度较高的学科中。对 37 本跨学科核心期刊的学科划分结果如表 6.4 所示。

表 6.4　各一级学科跨学科核心期刊数目

学科	期刊数目
计算机科学与技术	10
工商管理学	8
管理科学与工程	7
出版	4
教育学	2
公共管理学	2

---

[1] 叶鹰，张家榕，张慧. 知识流动与跨学科研究之关联[J]. 图书与情报，2020(03)：29-33.

续表

学科	期刊数目
新闻传播学	2
软件工程	1
统计学	1

如表6.4所示，从跨学科核心期刊的识别结果来看，图书情报学科重点参考的论文主要来自计算机科学与技术、工商管理学、管理科学与工程以及出版等9个学科，这9个学科可作为图书情报学者选择跨学科论文时的重点参照学科。

3. 期刊识别效果分析

核心期刊的识别主要是为了更好地发现载有较多数量以及较高质量学术论文的期刊，通过布拉德福定律来对期刊的跨学科被引频次进行分析，可以识别出跨学科知识分布较为密集的期刊，即满足对期刊跨学科知识数量的要求。然而，跨学科核心期刊应在载文质量上也达到一定标准，故还需进一步探讨所识别期刊上刊载的论文质量。

基于图书情报学领域的CSSCI期刊引文数据，本节进一步对每篇论文的被引频次进行统计，在剔除来自信息资源管理一级学科以及各大学学报的文献之后，本节将被引频次大于5的146篇论文视为高被引论文(见表6.5)，通过高被引论文在期刊中的分布情况来对所识别的跨学科核心期刊的质量进行鉴定。

表6.5 跨学科高被引论文

序号	题名	来源期刊	被引频次
1	扎根理论的思路和方法	教育研究与实验	42
2	中国开放政府数据平台研究：框架、现状与建议	电子政务	27
3	CiteSpace知识图谱的方法论功能	科学学研究	22
4	R指数、AR指数：h指数功能扩展的补充指标	科学观察	21
5	悄然兴起的科学知识图谱	科学学研究	19
6	基于MB-LDA模型的微博主题挖掘	计算机研究与发展	18
7	互联网商品评论情感分析研究综述	管理科学学报	18
8	用文献计量研究重塑政策文本数据分析——政策文献计量的起源、迁移与方法创新	公共管理学报	17
9	国外知识管理研究范式——以共词分析为方法	管理科学学报	17
…	…	…	…
146	知识可视化的理论与方法	开放教育研究	6

本节通过以下指标来衡量关于高被引在期刊中的分布情况：①隶属于跨学科核心期刊的高被引论文占所有高被引论文的比例。该指标用于衡量通过跨学科核心期刊来寻找高质量论文的效果。②隶属于9个重点参照学科的高被引论文占所有高被引论文的比例。该指标用于衡量是否能通过跨学科核心期刊来确定应重点关注的学科。③某学科内隶属于跨学科核心期刊的高被引论文占该学科内所有高被引论文的比例。该指标越大，则通过该学科内的跨学科核心期刊来识别高质量论文的效果越好。④某学科内不属于跨学科核心期刊的高被引论文占该学科内所有高被引论文的比例。该指标越大，则通过该学科内的跨学科核心期刊来识别高质量论文的效果越差。

据统计，在146篇高被引论文中有91篇来自于37本核心期刊，故指标①的值为62.329%。此外，在146篇高被引论文中有46篇来自相关区的期刊，有9篇来自非相关区的期刊，核心区、相关区、非相关区中的高被引跨学科文献数比例近似为10∶5∶1。从学科角度来看，在146篇高被引论文中共有117篇来自计算机科学与技术等9个学科，故指标②的值为80.137%。指标③与指标④的计算结果如表6.6所示。

表6.6 指标③与指标④的计算结果

学科	∈核心期刊	∉核心期刊	高被引论文总数	指标③/%	指标④/%
计算机科学与技术	24	7	31	77.419	22.581
工商管理学	9	3	12	75.000	25.000
管理科学与工程	32	6	38	84.211	15.789
出版	7	0	7	100.000	0.000
教育学	0	5	5	0.000	100.000
公共管理学	13	3	16	81.250	18.750
新闻传播学	3	2	5	60.000	40.000
软件工程	3	0	3	100.000	0.000
统计学	0	0	0	—	—

从各指标的计算结果来看，基于布拉德福定律识别出的跨学科核心期刊所刊载的论文具有较高的质量。有60%以上的高被引论文都来自所识别的核心期刊，图书情报学科的学者能通过这些核心期刊来更快地发现质量较高的跨学科文献。但也需注意，有接近三分之一的较为重要的跨学科文献分布在学者关注程度一般的相关区期刊中，因此在通过跨学科核心期刊来寻找跨学科文献时除了关注核心区期刊外，也应对相关区期刊保有较高关注。此外，有80%以上的高被引论文都来自依据核心期刊所选定的9个重点参照学科，这说明在识别核心期刊的基础上，可以进一步通过期刊来确定需要重点关注的学科，从而扩展知

识的查找范围。还需注意的是，对于不同学科而言，识别的核心期刊效果存在较大差异，在识别来自出版、管理科学与工程及公共管理学等学科的核心期刊时效果较好，而在识别来自教育学与统计学的核心期刊时效果则有待提高，该问题可能是缘于隶属于教育学与统计学的核心期刊数目较少所导致的偶然结果，也可能缘于学科之间存在的知识分布差异，在往后的研究中可对该问题进行探讨。

6.4 本章小结

当前，学者在进行核心期刊识别研究时，较少从某一学科的视角出发去识别那些对该学科发展有重要影响的跨学科期刊。为了更好地服务于特定学科的学者，辅助其寻找所需的跨学科期刊与文献，本节基于布拉德福定律规范了跨学科核心期刊的识别步骤。在确定图书情报学为进行研究的主要学科后，基于图书情报学 CSSCI 期刊的引文数据，统计了其他学科期刊被图书情报学 CSSCI 期刊引用的频次，随后结合布拉德福定律对其他学科期刊进行布拉德福区域划分，从而识别出了跨学科核心期刊，在此基础上进一步确定了计算机科学与技术、工商管理学、管理科学与工程以及出版等学科为图书情报学科学者进行跨学科研究时需要重点参照的学科。通过本节方法所识别的跨学科核心期刊，其所刊载的跨学科知识在数量与质量上都达到了较高的标准，学者可以通过这些期刊来更高效地发现跨学科文献。但是，也需注意在面向特定学科时，本节方法可能存在一定的局限性，以后可对特定学科中知识的分布情况进行深入分析，从而得到更好的跨学科核心期刊识别结果。

第 7 章　跨学科知识主题与知识点识别

在以往的跨学科知识识别研究中，学者的研究重点主要聚焦于跨学科知识组合的识别，通过识别与本学科知识具有较高匹配性的其他学科知识来填补本学科研究的不足，促进学科发展。但是，仅进行跨学科知识组合的识别还是难以全面推动跨学科研究的发展，知识组合识别的目的在于找出具有较高匹配性的跨学科知识对，但目前的知识组合识别方法大都是通过直接或间接的方式挖掘知识之间的两两关系，忽略了单个知识的价值特征以及多个知识之间的主题联系，缺少对跨学科知识的价值与特征的深入分析与评价，也较少从主题内容的层面出发，考虑多个知识之间的跨学科关系，从而导致对跨学科知识本身的挖掘以及对知识主题关联的挖掘较为缺乏。为了解决上述问题，在第 5 章与第 6 章研究的基础上，本章将进行跨学科核心主题与知识点的识别，主要目的在于挖掘跨学科知识之间的主题关系，并找出具有较高跨学科价值的知识点，从而提高跨学科知识挖掘研究的全面性，达到辅助跨学科热点发现、跨学科知识组合识别等目的。

7.1　跨科学核心主题识别

在教育学领域，张毅等[1]认为核心主题是指在一定阶段内，教研员与教师一起重点研究、寻求对策，并力求在教师中引起影响的主题。在图书情报学领域，祝清松等[2]在进行主题识别研究时，将那些基于引文内容分析法从高被引论文中抽取出来的主题称为核心主

---

[1] 张毅. 教研主题的选择与实施方略——以"基于学情判断的教学有效性"主题教研为例[J]. 中学政治教学参考, 2014, 546(12): 56-57.
[2] 祝清松, 冷伏海. 基于引文内容分析的高被引论文主题识别研究[J]. 中国图书馆学报, 2014, 40(1): 39-49.

题；范少萍等[1]认为核心主题是指每个时间窗内较为重要的主题，这些主题可以是时间窗内受关注度较高的主题、发展较为成熟的主题、具有发展潜力的主题等，对于描述主题未来发展路径等具有一定的指向作用；刘自强等[2]认为主题与主题之间存在明显或隐藏的联系，而核心主题是指那些与若干主题都具有一定关联的主题，主题与其他主题的联系越大，则该主题的核心性越高；岳丽欣等[3]借鉴R. N. Kostoff等[4]将主题划分为普通主题与副主题的思路，将那些能通过自身变化而带动其他主题变化的主题称为核心主题；崔骥等认为核心主题泛指领域中发展较为成熟并且与其他主题联系紧密的主题，可以准确、简洁地体现一个领域的核心技术和研究内容[5]。

　　本节所提及的跨学科核心主题更贴近图书情报学科内的概念，通过对图书情报学科内核心主题的概念进行分析与归纳，可以发现核心主题主要是指在一定时间、空间范围内具有中心地位的主题，其核心性可以通过主题与论文或知识的关联来进行衡量。本书认为，跨学科核心主题应是区别于非跨学主题的主题，应具有如下特征：①跨学科核心主题应与跨学科知识间具有较强的关联；②跨学科核心主题应是在跨学科研究的各个阶段内较为重要的主题；③跨学科核心主题应是具有持续产生跨学科价值的主题；④跨学科核心主题应与非跨学科主题间存在一定的交互性。此外，因为跨学科核心主题同时涉及多个学科，因此其在不同学科内的定义应存在一定差异，本节将引用跨学科知识的学科称为目标学科，将跨学科知识的来源学科称为其他学科，那么在目标学科内跨学科核心主题应是那些与跨学科知识具有较强关联的主题，而在其他学科内跨学科核心主题应是那些与跨学科知识具有较强关联且具有持续生产跨学科知识可能的主题。

　　因此，本节所要进行的跨学科核心主题识别工作即对具有以上特征的主题的识别。一方面通过识别目标学科内的跨学科核心主题来找到跨学科知识的聚集地并推动跨学科知识在目标学科的发展与应用，另一方面，通过识别其他学科内的跨学科核心主题来找到能持续生产跨学科知识的主题，从而把握与推动跨学科研究的进展。

---

[1] 范少萍，安新颖，单连慧，等. 基于医学文献的主题演化类型与演化路径识别方法研究[J]. 情报理论与实践, 2019, 42(3): 114-119.

[2] 刘自强，许海云，岳丽欣，等. 基于Chunk-LDAvis的核心技术主题识别方法研究[J]. 图书情报工作, 2019, 63(9): 73-84.

[3] 岳丽欣，周晓英，陈旖旎. 期刊论文核心研究主题识别及其演化路径可视化方法研究——以我国医疗健康信息领域期刊论文为例[J]. 图书情报工作, 2020, 64(5): 89-99.

[4] Kostoff R N, Eberhart H J, Toothman D R. Database tomography for information retrieval[J]. Journal of Information Science, 1997, 23(4): 301-311.

[5] 崔骥，张金鹏，包舟，等. 基于趋势度分析的科技领域核心主题发展预测[J]. 数据分析与知识发现, 2022, 6(9): 1-13.

7.2 跨科学核心知识点识别

本节在定义跨学科核心知识点时分别借鉴了知识点、科学生长点与知识生长点的相关概念。对于知识点，在社会科学的角度，郝贵生[①]认为，学习者"所学的对象即知识点"，构成知识点的基本因素主要包括"是什么或包含什么""为什么"和"有什么用"等三个方面；陈智等[②]从认知心理的角度出发，从人的短时记忆容量、知识点的整体性等视角论述"人以知识点为单位学习知识"的观点，指出知识点可以指任何单独的一项知识；王晓红等[③]认为知识点是概念、词语等知识内容；周越等[④]将"知识点"视为教学内容分析的微观单位。对于科学生长点，张道民[⑤]认为科学生长点是指科学体系中产生新学科的分生点，也是指学科前沿不断发展的新生点。对于知识生长点，在图书情报学科内，李长玲等[⑥]认为知识生长点是产生新知识的科学生长点，与科学生长点具有相同的基本属性，即①先进性，处于学科前沿；②综合性，发生在学科交叉地带；③关键性，处于学科发展的关键环节。

通过对知识点、科学生长点与知识生长点概念的分析，本书认为跨学科核心知识点应是具有以下特征的知识：①跨学科核心知识点是具有单独概念的一项知识，其可以是概念、词语、方法、研究主题或研究工具等知识；②跨学科核心知识点应是在粒度上较为微观的单位，具有细粒度性；③跨学科核心知识点应是具有继续发挥或持续产生跨学科价值的能力的跨学科知识。对跨学科核心知识点与知识点、科学生长点与知识生长点的概念进行比较，可以发现本节定义的跨学科核心知识点兼具知识点、科学生长点与知识生长点的部分特征，但又与其存在一定差异。首先，跨学科核心知识点必须是对跨学科发展有推动作用的知识，其次，跨学科核心知识点不单指在当前具有较高活跃度的知识，以往具有较高活跃度或未来可能具备较高活跃度的知识也可能是跨学科核心知识点。

---

① 郝贵生. 论知识点的基本构成与对知识的理解[J]. 天津师范大学学报(社会科学版)，2000(3)：25-30
② 陈智，隋光远，皮秀云. 论知识点是人的认知单位[J]. 心理科学，2002(3)：369-370.
③ 王晓红，金子祺，姜华. 跨学科团队的知识创新及其演化特征——基于创新单元和创新个体的双重视角[J]. 科学学研究，2013，31(5)：732-741.
④ 周越，徐继红. 知识点提取——教学内容的微分析技术[J]. 电化教育研究，2015，36(10)：77-83.
⑤ 张道民. 试论科学生长点[J]. 科学、技术与辩证法，1986(1)：1-7.
⑥ 李长玲，高峰，牌艳欣. 试论跨学科潜在知识生长点及其识别方法[J]. 科学学研究，2021，39(6)：1007-1014.

基于对跨学科核心知识点的定义，本节所要进行的跨学科核心知识点识别工作即对具有以上特征的跨学科知识的识别，跨学科核心知识点涵盖目前仍具有较大跨学科价值的跨学科知识、过去产生过较大价值的跨学科知识，以及未来可能产生较大价值的跨学科知识。通过对以上几类跨学科核心知识点的识别，可以较为全面地挖掘跨学科知识的价值，跨学科核心知识点的识别也可以视为对跨学科知识的分类，通过跨学科核心知识点识别，将具有不同特征的跨学科知识进行分类能有效促进对跨学科知识特点的认知，也为跨学科知识的价值开发打下坚实基础。

7.3 核心主题识别的方法

随着知识被跨学科引用并在目标学科内不断演化，跨学科引用知识会与目标学科中越来越多的知识产生关联，从而形成不同的具有特定内容的知识主题，在多个知识主题内会存在不同数量、特征的跨学科知识或与跨学科知识相关的知识。本节将目标学科内与跨学科引用知识具有较强关联的主题视为一类跨学科核心主题，相较于其他主题，这类主题与跨学科引用知识高度相关，是跨学科引用知识的重要匹配对象，从该主题中能更容易地找出与跨学科引用知识具有关联关系的目标学科知识，其他学科中新产生的跨学科知识也有较大概率会与该主题内的知识产生关联。此外，本节将其他学科内产生过较多跨学科引用知识或与跨学科引用知识具有较强关联关系的主题也视为一类跨学科核心主题，这类主题与跨学科引用知识间的关联较强，同时具有较大的继续产生跨学科引用的可能。综上，本节要识别的跨学科核心主题主要包括以下两类。

（1）跨学科核心主题Ⅰ。当跨学科知识被引入目标学科后，目标学科内的知识会以跨学科引用知识为媒介而相互关联形成主题，这类主题中的知识与跨学科引用知识间具有较强的关联，本节将这类主题称为跨学科核心主题Ⅰ。

（2）跨学科核心主题Ⅱ。在其他学科内存在一些与跨学科引用知识具有较强关联的非跨学科引用知识，这些非跨学科引用知识会相互交织形成主题，这类主题与跨学科引用知识高度相关并存在产生新的跨学科知识的可能，本节将这类主题称为跨学科核心主题Ⅱ。

在识别跨学科核心主题Ⅰ时，本节的思路主要是基于共词网络来挖掘目标学科内与跨学科引用知识具有较强共现关系的目标学科知识，并基于与跨学科引用知识的关系来表示目标学科知识的内容特征，通过聚类分析方法将目标学科知识聚集为主题，具体步骤如下。

（1）目标学科知识特征表示。通过关键词之间的共现关系可以挖掘跨学科引用知识与目标学科知识之间的关联强度，将跨学科引用知识视为特征项，目标学科知识与跨学科引用知识共现的频次越高，则目标学科知识在该跨学科引用知识对应的特征项上的值越大。本节将知识之间的共现频次转化为特征值，即目标学科知识在每个特征项上的值依次为该知识与对应的跨学科引用知识之间的共现频次，因此也将目标学科知识与跨学科引用知识之间的共现矩阵称为目标学科特征矩阵。

（2）知识关联度衡量。在得到目标学科知识的特征表示后，本节首先通过普赖斯定律衡量目标学科知识与跨学科引用知识之间的关联强度，并筛除掉关联较弱的知识。在文本中，基于普赖斯定律的思路，首先对目标学科知识的特征值进行汇总，并将汇总得到的值称为特征总值，特征总值可以用于衡量知识与所有跨学科引用知识间的关联度，关联度越高，则该知识与跨学科引用知识间的关联越强。据此，本节按特征总值的大小从高到低对目标学科知识进行排序并累积其特征总值，当累积值达到所有目标学科知识的特征总值之和的一半时，即可将对应的知识视为与跨学科引用知识关联较强的知识，本节将其称为核心目标学科知识。

（3）目标学科知识聚类。在识别出核心目标学科知识后，通过 K-means 聚类方法对知识进行聚类，形成主题，得到主题后通过分析主题内知识的数量来衡量主题粒度，若存在某一主题，其内部知识数量较大，则对该主题内的知识进行再次聚类，从而将该主题划分为粒度较细的主题，以确保主题内知识具有较强的关联。

在识别跨学科核心主题Ⅱ时，本节的思路主要是基于关键词共现网络来挖掘其他学科内与跨学科引用知识具有较强共现关系的非跨学科引用知识，并基于与跨学科引用知识的关系来表示非跨学科引用知识的内容特征，通过聚类分析方法将非跨学科引用知识聚集形成主题，具体步骤如下。

（1）非跨学科引用知识特征表示。通过关键词之间的共现关系可以挖掘跨学科引用知识与非跨学科引用知识之间的关联强度，将跨学科引用知识视为特征项，非跨学科引用知识与跨学科引用知识共现的频次越高，则非跨学科引用知识在该跨学科引用知识对应的特征项上的值越大。同样，将知识之间的共现频次转化为特征值，即非跨学科引用知识在每个特征项上的值依次为该知识与对应的跨学科引用知识之间的共现频次，因此也将非跨学科引用知识与跨学科引用知识之间的共现矩阵称为非跨学科引用知识特征矩阵。

（2）知识关联度衡量。参照跨学科核心主题Ⅰ的识别方法，通过普赖斯定律衡量非跨学科引用知识与跨学科引用知识之间的关联强度，从而确定核心非跨学科引用知识。

（3）非跨学科引用知识聚类。在识别出核心非跨学科引用知识后，通过 K-means 聚类方法将知识聚类形成主题，最后通过再次聚类得到细粒度主题。

7.4 核心知识点识别的方法

在第5章，本书已进行了跨学科引用知识的识别，并进行了跨学科引用知识的状态、热度以及跨学科同配性的分析。通过分析结果，可以发现状态以及同配性会影响跨学科引用知识被跨学科引用的程度，因此本书认为不同的跨学科引用知识应该采用不同的价值开发方式。例如，对于处于增长型状态的知识，应该继续挖掘其在目标学科内的潜在组合，而对于处于新现型状态的知识，则应首先在其他学科内分析其应用方向。相较于同配性，知识的状态通常会对知识的跨学科价值开发方式具有直观影响，因此本节主要基于状态对跨学科引用知识进行分类，将跨学科引用知识细分为以下三类跨学科核心知识点。

(1) 跨学科核心知识点Ⅰ。已在目标学科内得到一定应用，且价值还未被开发完全的知识。

(2) 跨学科核心知识点Ⅱ。在目标学科内价值已被开发较多，继续开发价值较低的知识。

(3) 跨学科核心知识点Ⅲ。刚引入目标学科或价值尚未被发现的具有开发潜力的知识。

在本节中，跨学科核心知识点Ⅰ与跨学科核心知识点Ⅱ都来自跨学科引用知识，其分别是处于不同知识状态的跨学科引用知识。考虑到跨学科核心知识点Ⅰ与跨学科核心知识点Ⅱ的特征，在对其进行区分时仅对跨学科引用知识的状态进行二分类，将跨学科引用知识分为增长型与衰老型两种状态，若 $R_{变化}$ 值大于0%，则将其视为增长型知识，即跨学科核心知识点Ⅰ，若 $R_{变化}$ 值小于或等于0%则将其视为衰老型知识，即跨学科核心知识点Ⅱ。

在进行跨学科核心知识点Ⅲ的识别时，基于跨学科引用机理的分析结果，本书认为跨学科核心知识点Ⅲ应满足以下两个条件。

条件1：在目标学科内具有一定的跨学科潜力。基于核心知识点Ⅲ的特征，该类知识在目标学科内出现的频次应较低，且与价值较高的目标学科知识具有一定的关联性。本节将2012—2021年，在图书情报学科内出现频次在6～10次，且与跨学科核心主题Ⅰ中的知识共现频次达到6及以上的知识视为跨学科核心知识点Ⅲ应具有的条件之一。在图书情报学科内出现频次在6～10次说明该知识具有一定的热度，但是热度并不高即还具有挖掘的潜力。共现频次达到6及以上(与跨学科核心主题Ⅰ中的知识的共现频次因存在在一篇论文中与多个知识共现的情况，故共现频次可能会大于10)说明该知识与跨学科性较强的知识具有一定关联，因此该知识具有较强的跨学科潜力。

条件2：在其他学科内处于增长型、平稳型或者新现型状态。处于增长型、平稳型或者新现型状态的知识被跨学科引用的程度也较高，因此本书认为在以图书情报及计算机科学与技术学科为研究学科时，跨学科核心知识点Ⅲ应在计算机科学与技术学科内处于以上三种状态。

7.5 实证分析与结果讨论

1. 数据来源

本节所用的数据主要包括用于跨学科核心主题识别与跨学科核心知识点识别的数据。在进行跨学科核心主题识别实证时，使用的数据主要包括跨学科引用知识与目标学科知识之间的共现数据，以及跨学科引用知识与非跨学科引用知识之间的共现数据。在进行跨学科核心知识点识别实证时，使用的数据主要是图书情报及计算机科学与技术学科内的关键词频次数据。

在选取跨学科引用知识用于构建其他类知识的特征时，考虑到跨学科性较低的跨学科引用知识的跨学科程度较低，难以通过该知识在其他学科内的应用方式来开发其价值，故本节仅选取10个高度跨学科引用知识与4个中度跨学科引用知识作为矩阵的特征项。基于第4章的数据，应用Co-Occurrence9.94（COOC9.94）[①]，分别构建目标学科知识、非跨学科引用知识与14个作为特征项的跨学科引用知识之间的共现矩阵，用以表征目标学科知识与非跨学科引用知识的特征，在构建矩阵时筛除掉频次小于5的热度较低的关键词。基于图书情报学科2012—2021年的文献数据，在统计目标学科知识特征值并去掉特征值为0的目标学科知识后得到如表7.1所示的目标学科知识特征矩阵，基于计算机科学与技术学科2008—2021年的文献数据，在计算非跨学科引用知识特征值并去掉特征值为0的非跨学科引用知识后得到如表7.2所示的非跨学科引用知识特征矩阵。此外，图书情报学科内的关键词频次数据主要包括：2018—2021年在图书情报学科内14个跨学科引用知识的逐年频次，如表7.3所示，2012—2021年在图书情报学科内出现频次在6~10次的关键词，如表7.4所示。

[①] 学术点滴，文献计量. COOC一款用于文献计量和知识图谱绘制的软件[CP/OL]. [2023-01-16]. https://gitee.com/academic_2088904822/academic-drip.

表 7.1 目标学科知识特征矩阵

目标学科知识	大数据	深度学习	情感分析	机器学习	主题模型	LDA	支持向量机	条件随机场	语义标注	特征提取	卷积神经网络	相似度	词向量	BERT
图书馆	59	3	0	3	2	0	0	0	0	0	0	0	1	0
网络舆情	24	1	18	2	1	3	2	1	0	0	1	0	1	0
微博	3	3	19	1	2	8	4	0	0	2	1	2	0	0
文本分类	0	14	0	6	1	0	5	1	1	6	3	0	3	2
情报学	28	5	0	2	0	0	0	0	0	0	0	0	0	1
知识服务	31	0	0	0	1	0	0	0	3	0	0	0	0	0
数字图书馆	20	2	0	1	0	3	0	0	4	0	0	1	0	0
知识图谱	13	9	0	4	0	1	0	1	0	0	1	0	0	2
数据挖掘	22	2	2	4	0	0	0	0	0	0	0	0	1	0
…	…	…	…	…	…	…	…	…	…	…	…	…	…	…
深度神经网络	0	1	0	0	0	0	0	0	0	0	0	0	0	0

表 7.2 非跨学科引用知识特征矩阵

非跨学科引用知识	大数据	深度学习	情感分析	机器学习	主题模型	LDA	支持向量机	条件随机场	语义标注	特征提取	卷积神经网络	相似度	词向量	BERT
注意力机制	0	93	28	3	5	0	0	9	0	7	83	0	8	2
人脸识别	1	22	0	3	0	1	36	0	0	130	13	1	0	0
神经网络	6	83	10	15	7	0	21	6	1	26	4	1	8	2
特征融合	0	49	6	3	1	0	22	2	0	18	60	1	4	0
特征选择	12	4	5	29	1	0	82	1	0	15	0	3	1	0
目标检测	0	81	0	3	0	1	3	1	1	9	50	0	0	0
分类	2	11	0	12	2	0	83	0	0	23	9	5	1	0

续表

非跨学科引用知识	特征项											
	大数据	深度学习	情感分析	机器学习	主题模型	LDA	支持向量机	条件随机场	语义标注	特征提取	卷积神经网络	相似度	词向量	BERT
自然语言处理	5	53	14	17	6	3	3	9	2	2	21	1	9	3
文本分类	2	17	10	14	4	1	37	1	1	13	25	6	7	3
…	…	…	…	…	…	…	…	…	…	…	…	…	…	…
区域建议网络	0	1	0	0	0	0	0	0	0	0	0	0	0	0

表 7.3 图书情报学科内跨学科引用知识逐年频次

知识	年份/年			
	2018	2019	2020	2021
深度学习	26	32	59	58
支持向量机	6	11	7	4
卷积神经网络	9	14	8	11
大数据	116	104	98	59
特征提取	8	9	3	7
机器学习	16	26	18	23
相似度	3	7	2	2
情感分析	27	28	37	31
主题模型	18	19	13	11
条件随机场	7	6	8	5
词向量	4	17	5	6
LDA	12	9	10	15
BERT	0	1	8	27
语义标注	5	1	2	5

表 7.4 图书情报学科内频次 6~10 的关键词

序号	关键词	频次	序号	关键词	频次
1	计算机科学	10	11	过程模型	10
2	预警机制	10	12	加权网络	10
3	国防科技信息	10	13	理论构建	10
4	认知过程	10	14	数据组织	10

续表

序号	关键词	频次	序号	关键词	频次
5	特征扩展	10	15	BERT 模型	10
6	关键事件技术	10	16	情报分析方法	10
7	自动抽取	10	17	影响机理	10
8	知识交流效率	10	18	认知心理学	10
9	TRIZ 理论	10	…	…	…
10	熵权	10	1 740	多重共现	6

2. 核心主题识别

1) 核心主题Ⅰ识别

在进行核心主题Ⅰ识别时，首先按照5.2节所述思路，通过普赖斯定律对目标学科知识与跨学科引用知识之间的关联度进行衡量，从而确定核心目标学科知识。基于表7.1可以统计得到各目标学科知识的特征总值，通过计算得到特征总值之和为4 108，特征总值到达5及以上的目标学科知识，其特征总值汇总值为2 185，接近合值的一半，因此将特征总值到达5及以上的目标学科知识视为核心目标学科知识。随后，对表7.1中的特征值分布情况进行分析，发现"大数据"等特征项占比较大，为了更好地挖掘各知识与特征项之间的相关性，对表7.1中的数据按列分别进行归一化处理，使得知识在各个特征项上的值映射到0~1，得到表7.5所示的核心目标学科知识特征矩阵。基于表7.5中的特征值，通过 K-means 聚类方法对核心目标学科知识进行聚类，在通过聚类得到主题后，若主题内部知识数大于50，则对该主题内的知识进行重复聚类，得到粒度更小的主题，若主题内部知识数小于5，则将主题内的知识视为离群点，若内部知识数在5~50，则保留该主题。最后共得到14个核心主题Ⅰ，如表7.6所示。

表7.5 核心目标学科知识特征矩阵

知识	大数据	深度学习	情感分析	机器学习	主题模型	LDA	支持向量机	条件随机场	语义标注	特征提取	卷积神经网络	相似度	词向量	BERT
图书馆	1.000	0.188	0.000	0.429	0.400	0.000	0.000	0.000	0.000	0.000	0.000	0.000	0.143	0.000
网络舆情	0.407	0.063	0.947	0.286	0.200	0.375	0.400	0.111	0.000	0.000	0.333	0.000	0.143	0.000
微博	0.051	0.188	1.000	0.143	0.400	1.000	0.800	0.000	0.333	0.333	0.500	0.000	0.000	0.000
文本分类	0.000	0.875	0.000	0.857	0.200	0.000	1.000	0.111	0.125	1.000	1.000	0.000	0.429	0.400
情报学	0.475	0.313	0.000	0.286	0.200	0.000	0.000	0.000	0.000	0.000	0.000	0.000	0.000	0.200

续表

知识	特征项													
	大数据	深度学习	情感分析	机器学习	主题模型	LDA	支持向量机	条件随机场	语义标注	特征提取	卷积神经网络	相似度	词向量	BERT
知识服务	0.525	0.000	0.000	0.000	0.200	0.000	0.000	0.000	0.375	0.000	0.000	0.000	0.000	0.000
数字图书馆	0.339	0.125	0.000	0.143	0.000	0.375	0.000	0.000	0.500	0.000	0.000	0.250	0.000	0.000
知识图谱	0.220	0.563	0.000	0.571	0.000	0.125	0.000	0.000	0.125	0.000	0.333	0.000	0.000	0.400
数据挖掘	0.373	0.125	0.105	0.571	0.000	0.000	0.000	0.000	0.000	0.000	0.000	0.250	0.000	0.000
…	…	…	…	…	…	…	…	…	…	…	…	…	…	…
智慧应急	0.085	0.000	0.000	0.000	0.000	0.000	0.000	0.000	0.000	0.000	0.000	0.000	0.000	0.000

表 7.6 核心主题 I

序号	目标学科知识	知识数
0	数字人文、命名实体识别、智慧图书馆、长短期记忆网络、迁移学习、自然语言处理、信息检索、TF-IDF、神经网络、知识图谱、舆情分析、情感分类、电子病历、文本分类、短文本分类、知识发现、关系抽取、循环神经网络、自动识别、特征融合、自动分类、学术文献、注意力机制、舆情监测、社交媒体、突发事件	26
1	话题演化、主题发现、内容挖掘、聚类分析、专利分析、短文本、引文分析、文本挖掘、LDA 模型、词嵌入、主题演化、共词分析、语义分析、文本聚类、用户生成内容、社交网络、协同过滤、聚类、主题识别	19
2	用户评论、情感词典、观点挖掘、集成学习、关联规则、评论挖掘、语义相似度、复杂网络、综述、用户需求、产品评论、突发公共卫生事件、社会化媒体	13
3	政策文本、TEXTRANK、社会网络分析、主题挖掘、知识结构、关键词抽取、主题聚类、热点主题	8
4	TFIDF、语义、用户兴趣、反恐情报、主题分析、社会网络、专利文献、专利、关联数据	9
5	链接预测、结构功能、科技文献、预测、先秦典籍、特征选择、表示学习、学术文本、影响因素	9
6	BILSTM、术语抽取、文献分类、BI-LSTM-CRF、特征模板、实体识别、知识抽取	7
7	信息抽取、可视化、语义检索、知识组织、科学数据、知识服务、非物质文化遗产、语义网、本体构建、知识库、领域本体、数字图书馆	12
8	生物医学、公共政策、服务模式、微博舆情、移动视觉搜索	5

续表

序号	目标学科知识	知识数
9	研究进展、数据分析、用户画像、学术评价、CITESPACE、数据驱动、发展趋势、图书馆学、学术论文、LSTM模型、文献计量、用户	12
10	情报、数据管理、高校图书馆、情报研究、云计算、竞争情报、信息分析、数据科学、信息服务、情报工作、情报分析	11
11	智慧应急、信息管理、科技情报、信息资源管理、信息资源、数据治理、创新、公共文化、政府数据开放、安全情报、对策、图书馆服务、大数据思维、数据共享、互联网、个人信息保护、政府治理、图书情报学、数据素养教育、顶层设计、大数据分析、隐私权、政策、公安情报、情报体系、应对策略、研究范式、国家安全	28
12	情报工程、小数据、个人数据、美国、数据素养、应急决策、个人信息、智慧城市、智库、情报服务、HADOOP、物联网、个性化服务、开放数据	14
13	电子政务、智慧服务、知识管理、信息素养、情报学教育、应急管理	6
-1	在线评论、微博、网络舆情、WORD2VEC、本体、数据挖掘、情报学、随机森林、图书馆、知识挖掘、文本表示、BERT模型、模型、知识融合、企业、高校、多源信息融合、应用研究、人才培养、研究热点、公共图书馆、数据开放、可视化分析、众包、新冠肺炎、人文社科、竞争情报系统	27

从表7.6可以看出,除了"在线评论"等27个知识被划分为离群点,即-1外,剩下的知识都被划分到序号为0~13的14个主题内,14个主题中的知识数分布在5~28,主题内知识具有较强的关联性。以序号为0的核心主题Ⅰ-0为例,该主题中共有26个知识,从归一化后的特征矩阵来看,该主题与"深度学习""卷积神经网络"等跨学科引用知识具有较高的共现相关性,且主题内的知识如"命名实体识别""长短期记忆网络"等都与"深度学习"具有较大联系,可以将该主题称为"深度学习及其应用"主题。计算机科学与技术学科内与"深度学习及其应用"相关的跨学科引用知识在被引入图书情报学科后,有较大概率与该主题中的知识产生较强的关联关系。此外,图书情报学科内和"深度学习及其应用"主题相关的知识也有较高可能与"卷积神经网络"等跨学科引用知识产生关联。

2)核心主题Ⅱ识别

在进行核心主题Ⅱ的识别时,首先按照5.2节所述思路,通过普赖斯定律对非跨学科引用知识与跨学科引用知识之间的关联强度进行衡量,从而确定核心非跨学科引用知识。基于表7.2可以统计得到各非跨学科引用知识的特征总值,通过计算得到知识特征总值之和为16 356,特征总值到达13及以上的非跨学科引用知识,其特征总值的汇总值为8 359接近合值的一半,因此将特征总值到达13及以上的非跨学科引用知识视为核心非跨学科引用知识。随后，对表 7.2 中的数据也按列分别进行归一化处理，使得知识在各个特征项上的值映射到 0~1，得到表 7.7 所示的核心非跨学科引用知识特征矩阵。基于表 7.7 中的特征值，通过 K-means 聚类方法对核心非跨学科引用知识进行聚类，在通过聚类得到主题后，若主题内部知识数大于 50，则对该主题内的知识进行重复聚类，得到粒度更小的主题，若主题内部知识数小于 5，则将主题内的知识视为离群点，若内部知识数在 5~50，则保留该主题。最后，共得到 15 个核心主题Ⅱ，如表 7.8 所示。

表 7.7 核心非跨学科引用知识特征矩阵

非跨学科引用知识	特征值											
	大数据	深度学习	情感分析	机器学习	主题模型	LDA	支持向量机	条件随机场	语义标注	特征提取	卷积神经网络	相似度	词向量	BERT
注意力机制	0	93	28	3	5	0	0	9	0	7	83	0	8	2
人脸识别	1	22	0	3	0	1	36	0	0	130	13	1	0	0
神经网络	6	83	10	15	7	0	21	0	1	26	4	0	8	0
特征融合	0	49	6	3	1	0	22	2	0	18	60	1	4	0
特征选择	12	4	5	29	1	0	82	1	0	15	0	3	1	0
目标检测	0	81	0	3	0	1	3	1	1	9	50	0	0	0
分类	2	11	0	12	2	0	83	0	0	23	9	5	1	0
自然语言处理	5	53	14	17	6	3	3	9	2	2	21	1	9	3
文本分类	2	17	10	14	4	1	37	1	1	13	25	6	7	3
…	…	…	…	…	…	…	…	…	…	…	…	…	…	…
区域建议网络	0	1	0	0	0	0	0	0	0	0	0	0	0	0

表 7.8 核心主题Ⅱ

序号	其他学科知识	知识数
0	聚类、协同过滤、WORD2VEC、个性化推荐、社交网络、文本挖掘、推荐系统、微博、矩阵分解	9
1	自然语言处理、神经网络、文本分类、情感分类、短文本	5
2	故障诊断、人脸识别、特征选择、分类、主动学习、入侵检测、主成分分析、遗传算法、集成学习、分类器、半监督学习、决策树、核函数、模式识别、参数优化、随机森林	16
3	目标检测、图像处理、计算机视觉、生成对抗网络、长短期记忆网络、特征融合、迁移学习、循环神经网络、图像分类	9

续表

序号	其他学科知识	知识数
4	HADOOP、MAPREDUCE、云计算、并行计算、SPARK、数据挖掘	6
5	核方法、流形学习、递归神经网络、知识图谱、计算机应用、稀疏表示、多类分类、属性约简、人工神经网络、关系抽取、核主成分分析、步态识别、YOLOV3	13
6	信息熵、情感词典、双向长短期记忆网络、BP神经网络、脑电信号、流量分类	6
7	局部二值模式、相关反馈、信息检索、人体动作识别、数据融合、物联网、滚动轴承	7
8	灰度共生矩阵、小样本、计算机辅助诊断、独立成分分析、深度信念网络、自适应、奇异值分解、最大熵、激活函数、行为识别、行人检测、小波变换、多尺度特征、孪生网络、显著图、ADABOOST算法、特征学习、复杂网络、问答系统、方向梯度直方图、特征向量、肺结节、语义特征、机器视觉、社交媒体、语音情感识别、交叉验证、隐写分析、K近邻、降维、SVM	31
9	行人再识别、行人重识别、词嵌入、动作识别、逻辑回归、深度卷积神经网络、云模型、ADABOOST、预测模型、长短期记忆神经网络、梯度方向直方图、线性判别分析、双向长短时记忆网络、多特征融合、深度置信网络、生成式对抗网络、泛化能力	17
10	目标跟踪、异常检测、损失函数、稀疏性、LSTM、推荐算法、回归、关联规则、朴素贝叶斯、识别、时间序列、粒子群算法、自编码器、人机交互、非负矩阵分解、实体识别、粗糙集、数据增强、压缩感知、文本情感分析、对抗样本、无线传感器网络、模型融合、数据流、信息融合、隐马尔可夫模型、谱聚类、医学图像、基于内容的图像检索、分布式计算、显著性检测、多分类、人工蜂群算法、小目标检测、长短期记忆、度量学习、维吾尔语、网络入侵检测、语义、特征、稀疏编码、实时检测、小波	43
11	互信息、字向量、向量空间模型、分类算法、手势识别	5
12	二叉树、预训练、超分辨率重建、目标识别、纹理分类、鲁棒性、弱监督、图像识别、人脸检测、增量学习、无监督学习、缺陷检测、强化学习、统计特征、边缘检测、协同训练、高斯混合模型、人群计数、空洞卷积、多模态、相关向量机、高维数据、实例分割、表示学习、自动编码器、图像分割、自注意力机制、聚类算法、自动驾驶	29
13	字符识别、局部特征、经验模态分解、情感识别、深度可分离卷积、车辆检测、受限玻尔兹曼机、纹理特征、残差学习、人脸表情识别、在线学习、文本聚类、模型压缩、端到端、特征降维、中文分词、K-means、双向门控循环单元、语言模型、模糊支持向量机、生物信息学、本体、超分辨率、语音识别、粒子群优化算法、多尺度、图像检索、多任务学习、残差网络、深度神经网络、表情识别、信息抽取、语义分割、遥感图像、网络安全、预测	36

续表

序号	其他学科知识	知识数
14	情感词、蚁群算法、不平衡数据、中文信息处理、并行化	5
-1	序列标注、注意力机制、命名实体识别、粒子群优化、说话人识别、门控循环单元、聚类分析、虹膜识别、长短时记忆网络、特征匹配、极限学习机	11

从表7.8可以看出，除了"序列标注"等11个知识被划分为离群点外，剩下的知识都被划分到序号为0~14的15个主题内，15个主题中的知识数分布在5~43，主题内知识具有较强的关联性。以序号为0的核心主题Ⅱ-0为例，该主题中共有9个知识，从归一化后的特征矩阵来看，该主题与"主题模型""LDA"等跨学科引用知识具有较高的共现相关性，且主题内的知识主要与"推荐""文本挖掘"相关，可以将该主题称为"文本挖掘与推荐"。计算机科学与技术学科内新产生的与"文本挖掘与推荐"相关的知识有较大概率加入该主题，该主题也存在继续产生与"文本挖掘与推荐"相关的潜在跨学科知识的可能。

3. 核心知识点识别

1) 核心知识点Ⅰ识别

在进行跨学科核心知识点Ⅰ的识别时，主要是在目标学科内进行跨学科引用知识的细分，通过分析跨学科引用知识在目标学科内的价值变化情况来确定其类型，因此首先需要基于跨学科引用知识在目标学科内的频次来计算其$R_{变化}$，从而划分知识的状态。本节以2018—2021年的频次来分析跨学科引用知识的状态，以两年为一个周期，通过表7.3与公式(7.1)计算跨学科引用知识的$R_{变化}$值，并依据5.2节所述思路将跨学科引用知识划分为跨学科核心知识点Ⅰ与跨学科核心知识点Ⅱ，结果如表7.9所示。

本节通过公式(7.1)来计算知识的变化率：

$$R_{变化} = \frac{F_{t*}}{F_t} - 100\% \tag{7.1}$$

其中，$R_{变化}$为某一时间节点的知识变化率，从该时间节点开始，向之前的时间取两个知识分析周期；F_{t*}为后一个周期的知识频次；F_t为前一个周期的知识频次。

表7.9 跨学科引用知识的划分

跨学科引用知识	$R_{变化}$	知识状态	知识点类型
深度学习	101.7%	增长型	核心知识点Ⅰ
支持向量机	-35.3%	衰老型	核心知识点Ⅱ
卷积神经网络	-17.4%	衰老型	核心知识点Ⅱ
大数据	-28.6%	衰老型	核心知识点Ⅱ

续表

跨学科引用知识	$R_{变化}$	知识状态	知识点类型
特征提取	-41.2%	衰老型	核心知识点Ⅱ
机器学习	-2.4%	衰老型	核心知识点Ⅱ
相似度	-60.0%	衰老型	核心知识点Ⅱ
情感分析	23.6%	增长型	核心知识点Ⅰ
主题模型	-35.1%	衰老型	核心知识点Ⅱ
条件随机场	0.0%	衰老型	核心知识点Ⅱ
词向量	-47.6%	衰老型	核心知识点Ⅱ
LDA	19.0%	增长型	核心知识点Ⅰ
BERT	3 400.0%	增长型	核心知识点Ⅰ
语义标注	16.7%	增长型	核心知识点Ⅰ

从表7.9可以看出,14个知识中有"深度学习"等5个知识被识别为跨学科核心知识点Ⅰ,这5个知识在图书情报学科内处于增长型的状态,可以继续挖掘其价值,尤其是"深度学习"与"BERT"的$R_{变化}$值大于100%,说明这两个知识的热度在近年间具有较大幅度的增长。

2) 核心知识点Ⅱ识别

在进行跨学科核心知识点Ⅱ的识别时,与识别跨学科核心知识点Ⅰ一样,也是基于对跨学科引用知识的细分,通过分析跨学科引用知识在目标学科内的价值变化情况来对其进行分类。如表7.9所示,14个知识中有"支持向量机"等9个知识被识别为跨学科核心知识点Ⅱ,这些知识在图书情报学科内的价值正在逐渐降低,其中"相似度""词向量"等知识的价值衰减幅度较大,急需选择新的知识对其进行替换。综合跨学科核心知识点Ⅰ与跨学科核心知识点Ⅱ的识别结果,可以发现大部分知识都被识别为跨学科核心知识点Ⅱ,据此可推测近年来图书情报学科从计算机科学与技术学科内引用而来的知识中有大半知识的价值正在降低,需要从计算机科学与技术学科内寻找可以替换的新知识。

3) 核心知识点Ⅲ识别

在进行跨学科核心知识点Ⅲ的识别时,首先需分析知识的跨学科潜力,表7.4中已经显示了在图书情报学科内具有一定开发潜力的知识,按照5.2节所述思路,对于表7.4中的1 740个知识,进一步分析其与表7.6内的核心主题Ⅰ中的179个知识的共现情况,得到如表7.10所示的共现矩阵。

表 7.10　潜在核心知识点Ⅲ-核心主题Ⅰ知识共现矩阵

核心主题Ⅰ知识	潜在核心知识点Ⅲ					
	高校图书馆	影响因素	数字图书馆	美国	信息服务	……	智慧应急
HISTCITE	1	0	0	0	0	…	0
留学生	7	0	0	0	4	…	0
服务模型	2	0	0	0	1	…	0
泛在知识环境	2	0	1	0	0	…	0
特征扩展	0	0	0	0	0	…	0
研究动态	0	0	0	0	0	…	0
DATACURATION	0	0	1	2	0	…	0
研究态势	0	0	0	0	0	…	0
语义角色标注	0	0	0	0	0	…	0
…	…	…	…	…	…	…	…
郑州图书馆	0	0	0	0	0	…	0

基于表 7.10 可以得到潜在核心知识点Ⅲ与所有的核心主题Ⅰ知识之间的共现频次总和，随后筛选出与跨学科核心主题Ⅰ知识共现频次达到 6 及以上的知识，共筛选出表 7.11 中的 296 个知识。

表 7.11　满足条件 1 的潜在核心知识点Ⅲ

序号	潜在核心知识点Ⅲ	图书情报学科内频次	与核心主题Ⅰ知识共现频次
1	HISTCITE	10	16
2	留学生	10	13
3	服务模型	10	13
4	泛在知识环境	10	13
5	特征扩展	10	13
6	研究动态	9	13
7	DATACURATION	9	13
8	研究态势	8	13
…	…	…	…
296	突发词	6	6

对于表7.11中的296个知识需继续进行知识状态的分析,本节以2018—2021年知识在计算机科学与技术学科内的频次(见表7.12)来分析知识的状态。此外,考虑到若2018—2021年知识在学科内的频次较低则会影响知识状态分析结果,因此首先统计296个知识2018—2021年的频次,选择出频次达到10及以上的21个知识,21个知识在2018—2021年的逐年频次如表7.12所示。随后,以两年为一个周期,通过表7.12与公式(7.1)计算知识的$R_{变化}$值,与4.3.3小节一样将λ_1、λ_2与λ_3的值分别设置为30%、-30%与1,得到如表7.13所示知识状态划分结果。

表7.12 潜在核心知识点Ⅲ逐年频次

知识	年份/年			
	2018	2019	2020	2021
循环神经网络	33	33	41	31
长短期记忆网络	11	36	31	42
降维	12	15	8	15
K-means算法	12	16	11	6
相似性度量	9	13	15	7
主动学习	14	11	4	6
数据中心	6	13	3	11
分布式	9	8	8	6
序列标注	4	8	9	6
……	…	…	…	…
BILSTM	0	1	4	5

表7.13 潜在核心知识点Ⅲ $R_{变化}$ 值

潜在核心知识点Ⅲ	$R_{变化}$	知识状态
循环神经网络	9.1%	平稳型
长短期记忆网络	55.3%	增长型
降维	-14.8%	平稳型
K-means算法	-39.3%	衰老型
相似性度量	0.0%	平稳型
主动学习	-60.0%	衰老型
数据中心	-26.3%	平稳型
分布式	-17.6%	平稳型

续表

潜在核心知识点Ⅲ	$R_{变化}$	知识状态
序列标注	25.0%	平稳型
语言模型	100.0%	增长型
数据处理	−38.5%	衰老型
情感识别	100.0%	增长型
电动汽车	120.0%	增长型
数据集	16.7%	平稳型
语义角色标注	−16.7%	平稳型
图模型	−42.9%	衰老型
PYTHON	20.0%	平稳型
SVM	−77.8%	衰老型
资源描述框架	−75.0%	衰老型
数据关联	300.0%	增长型
BILSTM	800.0%	增长型

如表7.13所示，21个知识主要被分为"增长型""平稳型"与"衰老型"三类知识状态，因不存在状态为"新现型"的知识，故仅有"增长型"与"平稳型"状态的知识满足核心知识点Ⅲ的识别条件2。即最后将"循环神经网络"等9个状态为"平稳型"的知识与"长短期记忆网络"等6个状态为"增长型"的知识识别为核心知识点Ⅲ，共识别出15个核心知识点Ⅲ。这些知识在图书情报及计算机科学与计算学科内仍具有较大的跨学科价值开发空间。

7.6 本章小结

本章主要进行了跨学科核心主题与跨学科核心知识点的识别，在进行跨学科核心主题识别时，依据主题所属学科及其特征的差异，本节将跨学科核心主题分为跨学科核心主题Ⅰ与跨学科核心主题Ⅱ共，两大类，基于对核心主题类型的划分，可以更清晰地认识到与跨学科引用知识具有相关性的主题的特点，从而从主题出发，进行跨学科价值的开发。在进行跨学科核心知识点识别时，依据知识价值的差异，本节将跨学科引用知识分类为了跨学科核心知识点Ⅰ、跨学科核心知识点Ⅱ与跨学科核心知识点Ⅲ，共三大类，通过对跨学科引用知识类型的进一步划分，可以更加清晰地认识到各类知识的价值开发方向。整体而言，本章主要做出了如下贡献。

（1）识别了跨学科核心主题。分别识别出了目标学科内与跨学科引用知识具有较高相关性的跨学科核心主题Ⅰ，以及其他学科内与跨学科引用知识具有较高相关性的跨学科核心主题Ⅱ。通过跨学科核心主题Ⅰ，可以从目标学科出发，进一步开发跨学科引用知识的价值；通过跨学科核心主题Ⅱ，可以从其他学科出发，提早发现具有较高跨学科价值的知识。

（2）识别了跨学科核心知识点。分别识别出了目标学科内价值未被开发完全的跨学科核心知识点Ⅰ、目标学科内已无较多价值开发潜力的跨学科核心知识点Ⅱ，以及刚从其他学科引入目标学科或开发价值未被深入发现的跨学科核心知识点Ⅲ。跨学科核心知识点Ⅰ的特点在于其在目标学科内仍具有开发潜力；跨学科核心知识点Ⅱ的特点在于其在目标学科内的价值已被开发得较为完全；跨学科核心知识点Ⅲ的特点在于其在目标学科内的价值尚处于初步开发阶段。

第8章 知识组合识别及其应用方法

在前几章已经提到，以往的跨学科知识识别研究主要聚焦于跨学科知识组合的识别，跨学科知识组合识别的目的在于挖掘知识与知识之间的潜在合作可能，从而推动跨学科研究的发展。此外，在进行跨学科知识组合识别时，以往的研究其思路主要是从知识之间的直接共现关系着手来挖掘知识之间的潜在合作可能。对以往的研究进行分析可以发现目前的知识组合识别研究主要存在以下不足：①研究视角有待拓展。目前的研究虽然有涉及跨学科主题之间的关联挖掘，但并未从主题视角出发来识别可能存在的知识组合。②忽略了对知识特征的研究。不同的知识所具有的特征也不同，因此也应该使用不同的策略来识别该知识的组合，而目前的研究对知识特征的关注则较为缺乏，导致新的跨学科知识价值挖掘不及时，以及旧的跨学科知识价值难开发等问题。③识别方法存在局限。通过直接共现分析方法挖掘知识之间的关联，所得结果并不全面，最直观的问题就是同类知识之间存在互斥性，例如具有递进关联的研究方法类知识很少会出现在同一篇论文中，这对通过直接共现分析方法来识别知识组合的效果产生了较大的负面影响。为了解决现有不足，本章结合前文研究成果，从多途径出发，进行了跨学科知识组合的识别，并对基于直接共现关系的知识组合识别方法进行了改善。

8.1 跨学科知识组合识别概念

李宇等[①]认为知识组合是指对之前未组合过的知识进行组合，或是用新方法对以前连

---

① 李宇，陆艳红. 知识权力如何有效运用："有核"集群的知识创造及权力距离的调节作用[J]. 南开管理评论，2018，21(6)：107-120.

接过的知识进行组合，并由此创造出新知识；朱娜娜等[1]认为知识组合是指对已有知识的重新组合；宋红燕[2]则将知识组合看作由两个或多个知识单元与它们之间各种关系共同组成的知识集合。

结合知识组合与跨学科知识的定义来看，跨学科知识组合应是指之前从未组合过的两个或多个跨学科知识单元的组合，或是用新方法对已经组合过的跨学科知识进行重新组合，从而形成知识组合，但是这样进行定义难以对知识组合的跨学科性进行清晰认知。因此，本书认为，只要有潜力成为跨学科知识组合的组合都能称为跨学科知识组合，其具有以下特征：①组成组合的知识中存在一个知识为跨学科知识，或存在一个具备跨学科潜力的知识；②由以前未组合过的知识组合而来，或是以前组合过但不具备跨学科特征的组合。从跨学科知识组合的概念可以看出，本节定义的跨学科知识组合，其范围较为广泛，只要求形成的组合具有跨学科潜力，而不要求组合必须由跨学科知识组成。

综上，本节所要进行的跨学科知识组合识别工作即对具有以上特征的知识组合的识别。区别于以往的跨学科知识组合识别路径，本节在进行跨学科知识组合时会从跨学科核心期刊、跨学科核心知识、跨学科核心主题和跨学科核心知识点出发，尽可能全面地挖掘具有跨学科潜力的知识组合，从而为跨学科知识组合研究打开新的思路。

8.2 基于核心主题的知识组合识别

本书在第7章已经进行了跨学科核心主题的识别研究，并将识别出的跨学科核心主题分为了跨学科核心主题Ⅰ与跨学科核心主题Ⅱ两类。在这一章中，基于两类主题特征制订了两种基于主题关联的知识组合识别方法。分别从目标学科与其他学科内部出发，挖掘潜在的可以组成跨学科知识组合的知识。

8.2.1 基于第Ⅰ类核心主题的知识组合识别方法

对于跨学科核心主题Ⅰ，该主题位于目标学科内，主要由目标学科内与跨学科引用知识具有较强关联的目标学科知识组成。因此，本书认为在目标学科内，与该主题具有较强

---

[1] 朱娜娜，徐奕红. TMT网络特征、知识创造与企业双元创新——制度环境与企业性质的调节作用[J]. 重庆大学学报(社会科学版)，2021，27(5)：74-86.
[2] 宋红燕. 基于专利技术要素的技术机会识别研究[D]. 北京：中国农业科学院，2021.

关联的知识也会与跨学科引用知识具有较强的关联，尤其是对于新出现在目标学科内的知识，可以借由评测新知识与跨学科核心主题Ⅰ的关联强度来预测其与跨学科引用知识产生关联的可能性。基于跨学科核心主题Ⅰ来进行跨学科知识组合的步骤如下。

(1) 寻找与核心主题Ⅰ关联的新知识。首先在目标学科内依据关键词共现数据挖掘与核心主题Ⅰ具有较强共现关系的知识，随后依据公式(8.1)计算知识的新颖率，选择出新颖率较高的知识，新颖率较高的知识通常具有较深的潜在价值未被开发，具有较大的跨学科价值挖掘可能：

$$R_{\text{新颖}} = \frac{F_{\text{r}}}{F_{\text{t}}} \tag{8.1}$$

其中，$R_{\text{新颖}}$为知识新颖率；F_{r}为近年来学科内的知识与核心主题Ⅰ共现的频次；F_{t}为学科内知识与核心主题Ⅰ共现的总频次。具有较高$R_{\text{新颖}}$值的知识通常为近几年出现在学科内的知识，或是学科内近几年才逐渐被注意到的具有较高价值的知识。

(2) 寻找与跨学科核心主题Ⅰ关联的核心知识点Ⅰ。核心知识点Ⅰ在目标学科内仍具有一定的潜在价值，因此可以将核心知识点Ⅰ与新知识进行组配。若存在核心知识点Ⅰ与核心主题Ⅰ具有较强的关联，则可认为该知识点和与核心主题Ⅰ相关的新知识也具有一定的关联。本节通过核心知识点Ⅰ与核心主题Ⅰ中知识的共现关系来挖掘知识点与主题的关联强度。

(3) 识别跨学科知识组合。在寻找到新知识、核心知识点Ⅰ的基础上，即可将新知识与核心知识点Ⅰ进行组配，形成跨学科知识组合。

8.2.2 基于第Ⅱ类核心主题的知识组合识别方法

对于跨学科核心主题Ⅱ，该主题位于其他学科内，主要是由其他学科内与跨学科引用知识具有较强关联的非跨学科引用知识组成。因此，本书认为在其他学科内，与该主题具有较强关联的知识也会具有较高的跨学科价值挖掘可能，尤其是其他学科内的新知识，其潜在价值也相对较高，可以借由评测新知识与跨学科核心主题Ⅱ的关联强度来预测其与目标学科知识产生关联的可能性。基于跨学科核心主题Ⅱ来进行跨学科知识组合的步骤如下。

(1) 寻找与核心主题Ⅱ关联的新知识。在其他学科内依据关键词共现数据挖掘与核心主题Ⅱ具有较强共现关系的知识，随后依据公式(8.1)计算知识的新颖率，选择出新颖率较高的知识。

(2) 寻找与跨学科核心主题Ⅱ关联的核心知识点Ⅱ。核心知识点Ⅲ为从其他学科引入目标学科的知识，且核心知识点Ⅲ的价值在目标学科已经得到较为深入的开发。因此，本节选择核心知识点Ⅱ作为开发跨学科价值的媒介，通过共现关系在目标学科内挖掘与核心主题Ⅱ具有较强关联的核心知识点Ⅱ。

(3)寻找与核心知识点Ⅱ关联的知识。核心知识点Ⅱ已经与目标学科内的知识产生一定的关联，本节通过共现关系挖掘出与核心知识点Ⅱ具有较强关联的目标学科知识。

(4)识别跨学科知识组合。以跨学科核心主题Ⅱ与核心知识点Ⅱ为媒介，可以挖掘出其他学科内与目标学科知识具有较强关联的新知识，将其进行组配，即可识别跨学科知识组合。

8.3 基于知识点的知识组合识别

本书在第7章已经进行了跨学科核心知识点的识别研究，并将识别出的跨学科核心知识点分为了跨学科核心知识点Ⅰ、跨学科核心知识点Ⅱ与跨学科核心知识点Ⅲ三类。在这一节，从三类跨学科核心知识点的特点出发制订三种跨学科知识组合识别方法。分别挖掘与跨学科核心知识点Ⅰ、跨学科核心知识点Ⅱ和跨学科核心知识点Ⅲ具有潜在组合可能的知识。

8.3.1 基于第Ⅰ类核心知识点的知识组合识别方法

对于跨学科核心知识点Ⅰ，其在目标学科内的价值已经得到一定程度的开发，但仍具有继续开发的潜力。本节首先基于共现关系，挖掘跨学科核心知识点Ⅰ与各核心主题Ⅰ的关联，从而找到与跨学科核心知识点Ⅰ关联较强的主题，随后将主题内的知识与跨学科核心知识点Ⅰ进行组配，形成跨学科知识组合。基于跨学科核心知识点Ⅰ来进行跨学科知识组合的步骤如下。

(1)寻找与跨学科核心知识点Ⅰ关联的核心主题Ⅰ。在目标学科内依据跨学科核心知识点Ⅰ与核心主题Ⅰ中知识的共现关系，即可发现与知识点具有较强关联的主题。

(2)知识组合开发潜力分析。因为核心知识点Ⅰ与核心主题Ⅰ中的知识可能已经产生了较强的关联关系，因此本节对核心知识点Ⅰ与核心主题Ⅰ中的知识进行共现频次分析，从而找出共现频次较低、仍具有较大价值开发潜力的组合。

(3)识别跨学科知识组合。对核心知识点Ⅰ与核心主题Ⅰ中的共现频次较低的知识进行组配进，即可识别跨学科知识组合。

8.3.2 基于第Ⅱ类核心知识点的知识组合识别方法

对于跨学科核心知识点Ⅱ，其在目标学科内的价值已经得到较大的开发，继续挖掘其价值的可能较低，故需要寻找新的与其类似的知识对其进行替换。区别于以往的基于直接共现的知识组合识别方法，本节结合深度学习方法进行了关键词语义类型的自动划分，并以此为基础挖掘了同类知识之间的间接共现关系，从而找到可以对跨学科核心知识点Ⅱ进行替换的同类知识。基于跨学科核心知识点Ⅱ来进行跨学科知识组合的步骤如下。

（1）寻找与核心知识点Ⅱ关联的知识。通过共现关系挖掘出与核心知识点Ⅱ具有较强关联的目标学科知识。

（2）知识语义类型划分。通过 Bert-BiLstm 构建关键词语义类型自动分类模型，将知识划分为方法类知识与目标类知识，并对其他学科内的知识进行语义类型划分。Bert 是 Google AI 团队提出的一种基于 Transformer 模型的预训练文本向量表示方法，其相当于 Transformer 模型的编码部分[1]。相较于之前的 One-hot、Glove、Word2Vec 等预训练文本向量模型，Bert 在表示文本特征时充分考虑了序列的位置信息，并基于双层编码完成向量的学习，从多个角度考虑文本的动态语义，具有较好向量表征效果[2]。因此，本节选择 Bert 词向量模型来对文本进行向量表示，作为后续模型的输入。Lstm 是由 Hochreiter 提出的一种在 Rnn 的基础上改进的模型，通过在 Rnn 中引入记忆力机制，显著提高了模型效果[3]。而 BiLstm 相较于 Lstm 模型的单向传递，引入了双向信息传递，通过前向 Lstm 与后向 Lstm，从正序与倒序的角度学习文本特征。因此，本节选择 BiLstm 作为文本分类中间层，在输入层输入文本后，通过 Bert 实现词嵌入，经由 BiLstm 学习文本特征，最后通过 Line 分类器实现知识的语义分类。

（3）知识间接共现分析。在对语义类型进行划分的基础上，从知识直接共现矩阵中抽取得到知识间接共现矩阵，并基于间接共现矩阵挖掘同类知识之间的相关性。

（4）识别跨学科知识组合。对于方法类核心知识点Ⅱ，以与其具有较强相关性的方法类知识对其进行替换，与目标学科知识进行组配，形成跨学科知识组合。对于问题类核心知识点Ⅱ，以与其具有较强相关性的问题类知识对其进行替换，与目标学科知识进行组

---

[1] Vaswani A, Shazeer N, Parmar N, et al. Attention is all you need[C]. Proceedings of the 31st International Conference on NeuralInformation Processing Systems. Red Hook：Curran Associates, 2017：6000-6010.

[2] 陆伟, 李鹏程, 张国标, 等. 学术文本词汇功能识别——基于BERT向量化表示的关键词自动分类研究[J]. 情报学报, 2020, 39(12)：1320-1329.

[3] Hochreiter S, Schmidhuber J. Long short-term memory[J]. Neural computation, 1997, 9(8)：1735-1780.

配，形成跨学科知识组合。

8.3.3　基于第Ⅲ类核心知识点的知识组合识别方法

对于跨学科核心知识点Ⅲ，其刚被引入目标学科或是在目标学科内其价值刚被发现。本节首先基于共现关系挖掘跨学科核心知识点Ⅲ与各核心主题Ⅰ的关联，从而找到与跨学科核心知识点Ⅲ关联较强的主题，随后将主题内的知识与跨学科核心知识点Ⅰ进行组配，形成跨学科知识组合。基于跨学科核心知识点Ⅲ来进行跨学科知识组合的步骤如下。

（1）寻找与跨学科核心知识点Ⅲ关联的核心主题Ⅰ。在目标学科内依据跨学科核心知识点Ⅲ与核心主题Ⅰ中知识的共现关系，即可发现与知识点具有较强关联的主题。

（2）识别跨学科知识组合。将核心知识点Ⅲ与核心主题Ⅰ中的知识进行组配，即可识别跨学科知识组合。区别于核心知识点Ⅰ，核心知识点Ⅲ的价值刚得到开发，因此不需要进行知识组合的价值潜力分析。

8.4　知识组合识别实证

1. *数据来源*

本节所用的数据主要包括基于核心主题进行知识组合识别的数据与基于核心知识点进行知识组合识别的数据。在基于核心主题Ⅰ进行知识组合识别实证时，使用的数据主要是指目标学科内核心主题Ⅰ共现数据、核心主题Ⅰ与核心知识点Ⅰ的共现数据。在基于核心主题Ⅱ进行知识组合识别实证时，使用的数据主要是指其他学科内核心主题Ⅱ共现数据、核心主题Ⅱ与核心知识点Ⅱ的共现数据，以及核心知识点Ⅱ与目标学科知识的共现数据。在基于核心知识点Ⅰ进行知识组合识别实证时，使用的数据主要是指核心知识点Ⅰ与核心主题Ⅰ中知识的共现数据。在基于核心知识点Ⅱ进行知识组合识别实证时，使用的数据主要是指核心知识点Ⅱ与目标学科知识的共现数据（用于训练 Bert-BiLstm 知识语义分类模型的标注数据）、核心知识点Ⅱ与其他学科知识的共现数据。在基于核心知识点Ⅲ进行知识组合识别实证时，使用的数据主要是指核心知识点Ⅲ与核心主题Ⅰ中知识的共现数据。

1）基于核心主题Ⅰ识别知识组合的数据

目标学科内核心主题Ⅰ共现数据是指表5.6中的主题与图书情报学科内知识间的共现数据，本节主要以表5.6中序号为7的核心主题Ⅰ-7为例来进行基于核心主题Ⅰ的知识组合识别实证，该主题内共有 12 个知识，且知识主题较为明确，主要涉及信息抽取、可视化等知识服务，可将其称为"信息挖掘与可视化"主题，通过该主题来进行研究便于对知识组合识别效果的讨论。共现数据包括 2012—2021 年该主题的共现矩阵，如表 8.1 所示，2019—2021 年该主题的共现矩阵，如表 8.2 所示（在得到共现数据后，统计学科知识与主题的共现频次合值，仅保留 2012—2021 年与主题的共现频次在 10 及以上的 77 个知识进行后续分析）。核心主题Ⅰ与核心知识点Ⅰ的共现数据是指 2012—2021 年表 5.6 中的主题与表 5.9 中的"深度学习"等 5 个核心知识点Ⅰ间的共现数据，对核心主题Ⅰ-7 来说，该主题与核心知识点Ⅰ间的共现频次可通过对主题内知识（"信息抽取"等）与核心知识点Ⅰ间的共现频次取合值得到，如表 8.3 所示。

表 8.1　2012—2021 年图书情报学科内核心主题Ⅰ-7 共现矩阵

学科知识	科学数据	知识服务	数字图书馆	可视化	知识组织	信息抽取	非物质文化遗产	知识库	语义网	领域本体	本体构建	语义检索	共现频次
本体	6	3	9	2	16	13	3	19	3	3	3	10	90
大数据	20	31	9	8	7	3	1	4	0	3	1	2	89
图书馆	5	43	5	15	1	1	0	2	0	1	0	1	74
关联数据	9	6	6	4	13	2	2	25	0	5	0	1	73
知识图谱	2	10	45	1	6	0	0	3	0	2	0	2	71
知识服务	24	0	3	1	26	8	0	2	0	0	0	2	66
知识组织	4	26	2	1	0	6	1	6	2	5	3	0	56
高校图书馆	5	24	2	18	1	2	0	1	0	1	0	0	54
数字图书馆	0	24	8	0	4	2	0	4	0	2	1	1	46
…	…	…	…	…	…	…	…	…	…	…	…	…	…
知识聚合	2	3	1	0	4	0	0	0	0	0	0	0	10

表 8.2 2019—2021 年图书情报学科内核心主题Ⅰ-7共现矩阵

学科知识	核心主题Ⅰ知识											
	科学数据	知识服务	数字图书馆	可视化	知识组织	信息抽取	非物质文化遗产	知识库	语义网	领域本体	本体构建	语义检索	共现频次
本体	0	2	0	3	5	0	1	3	1	0	0	1	16
大数据	2	4	2	1	3	0	0	1	0	0	0	1	14
图书馆	2	7	0	1	0	0	0	0	0	0	0	0	10
关联数据	0	1	1	2	4	0	3	1	3	1	0	1	17
知识图谱	0	6	0	8	4	0	2	0	1	0	0	2	23
知识服务	0	0	1	0	4	0	0	0	0	0	0	1	6
知识组织	0	4	1	0	0	2	3	0	0	0	0	1	11
高校图书馆	5	5	0	1	0	0	0	1	0	0	0	0	12
数字图书馆	0	1	0	0	1	0	0	0	1	0	0	0	3
…	…	…	…	…	…	…	…	…	…	…	…	…	…
知识聚合	0	1	0	0	1	0	0	0	0	0	0	0	2

表 8.3 核心主题Ⅰ-7与核心知识点Ⅰ的共现矩阵

核心知识点Ⅰ	核心主题Ⅰ知识											
	数字图书馆	知识服务	可视化	科学数据	知识组织	知识库	领域本体	语义网	信息抽取	非物质文化遗产	本体构建	语义检索	共现频次
深度学习	2	0	1	0	0	0	3	0	2	1	1	0	10
情感分析	0	0	4	0	0	0	0	0	1	0	0	0	5
LDA	3	0	2	0	0	0	1	0	0	0	0	1	7
语义标注	4	3	3	2	5	2	4	3	4	2	2	2	36
BERT	0	0	0	0	0	0	1	0	1	1	0	1	4

2)基于核心主题Ⅱ识别知识组合的数据

其他学科内核心主题Ⅱ共现数据是指表 5.6 中的主题与计算机科学与技术学科内知识

间的共现数据,本节主要以表5.6中序号为3的核心主题Ⅱ-3为例来进行基于核心主题Ⅱ的知识组合识别实证,该主题内共有9个知识,且知识主题较为明确,主要涉及深度学习在图像处理方面的应用,可将其称为"深度学习与图像处理"主题,通过该主题来进行研究便于对知识组合识别效果的讨论。共现数据包括2008—2021年该主题的共现矩阵,如表8.4所示,2019—2021年该主题的共现矩阵如表8.5所示(在得到共现数据后,统计学科知识与主题的共现频次合值,仅保留2012—2021年与主题的共现频次在10及以上的67个知识进行后续分析)。核心主题Ⅱ与核心知识点Ⅱ的共现数据是指2012—2021年核心主题Ⅱ-3与表5.9中的"支持向量机"等9个核心知识点Ⅱ间的共现数据,如表8.6所示。核心知识点Ⅱ与目标学科知识的共现数据是指2012—2021年表8.6中与核心主题Ⅱ-3具有一定关联(共现频次达到1)的4个核心知识点Ⅱ与图书情报学科知识的共现数据,如表8.7所示。

表8.4 2008—2021年计算机科学与技术学科内核心主题Ⅱ-3共现矩阵

学科知识	核心主题Ⅱ知识									共现频次
	图像处理	特征融合	目标检测	计算机视觉	迁移学习	图像分类	生成对抗网络	循环神经网络	长短期记忆网络	
深度学习	32	49	81	48	48	31	58	40	26	413
卷积神经网络	21	60	50	19	46	43	23	36	30	328
注意力机制	0	27	19	3	9	2	9	24	25	118
特征提取	21	18	9	9	5	12	1	3	0	78
支持向量机	11	22	3	3	8	23	0	0	1	71
目标跟踪	7	25	19	12	0	0	0	0	0	63
目标检测	9	23	0	16	3	2	1	1	0	55
边缘检测	45	1	4	4	0	0	0	0	0	54
特征融合	2	0	23	3	9	9	2	2	1	51
…	…	…	…	…	…	…	…	…	…	…
多尺度特征	0	3	2	0	2	0	2	1	0	10

表8.5　2019-2021年计算机科学与技术学科内核心主题Ⅱ-3共现矩阵

学科知识	核心主题Ⅱ知识									
	图像处理	特征融合	目标检测	计算机视觉	迁移学习	图像分类	生成对抗网络	循环神经网络	长短期记忆网络	共现频次
深度学习	46	73	58	40	24	27	39	28	25	360
卷积神经网络	54	43	22	36	27	28	12	18	24	264
注意力机制	27	19	9	7	24	18	3	0	2	109
特征提取	8	6	1	3	0	3	4	3	6	34
支持向量机	5	0	0	3	1	0	0	1	1	11
目标跟踪	11	1	0	0	0	0	7	0	0	19
目标检测	22	0	1	2	0	1	12	6	1	45
边缘检测	1	0	0	0	0	0	0	2	0	3
特征融合	0	22	2	9	1	1	3	1	6	45
…	…	…	…	…	…	…	…	…	…	…
多尺度特征	2	2	2	2	0	1	0	0	0	9

表8.6　核心主题Ⅱ-3与核心知识点Ⅱ共现矩阵

核心知识点Ⅱ	核心主题Ⅱ知识									
	特征融合	迁移学习	长短期记忆网络	循环神经网络	目标检测	生成对抗网络	图像处理	图像分类	计算机视觉	共现频次
大数据	0	0	0	0	0	0	0	0	0	0
机器学习	0	0	0	0	0	0	0	0	0	0
主题模型	1	0	0	0	0	0	0	0	0	1
支持向量机	0	0	1	0	0	0	0	0	0	1
条件随机场	0	1	2	1	0	0	0	0	0	4
特征提取	0	0	0	0	0	0	0	0	0	0
卷积神经网络	1	1	1	3	0	0	0	0	0	6
相似度	0	0	0	0	0	0	0	0	0	0
词向量	0	0	0	0	0	0	0	0	0	0

表 8.7 核心知识点 II 与图书情报学科知识共现矩阵

学科知识	核心知识点 II				
	主题模型	支持向量机	条件随机场	卷积神经网络	共现频次
深度学习	3	1	4	14	22
LDA	16	0	0	0	16
文本分类	1	5	1	3	10
机器学习	1	6	2	0	9
命名实体识别	0	0	9	0	9
卷积神经网络	5	2	1	0	8
词向量	1	0	1	6	8
微博	2	4	0	1	7
文本挖掘	5	1	1	0	7
…	…	…	…	…	…
广东流动图书馆	0	0	0	0	0

3）基于核心知识点 I 识别知识组合的数据

核心知识点 I 与核心主题 I 中知识的共现数据是指 2012—2021 年表 5.9 中的"深度学习"等 5 个核心知识点 I 与表 5.6 中的 14 个核心主题 I 间的共现数据，且为了比较核心知识点 I 与各核心主题 I 间的共现强度，知识点与主题间的共现值通过对各主题内知识与知识点的共现频次取均值得到，结果如表 8.8 所示。

表 8.8 核心知识点 I 与核心主题 I 共现矩阵

核心主题 I	核心知识点 I				
	深度学习	情感分析	LDA	语义标注	BERT
0	3.731	1.231	0.346	0.346	0.808
1	0.947	1.526	1.579	0.105	0
2	0.615	3.846	0.231	0	0
3	0.375	0.875	2.500	0	0.125
4	0.444	0.444	0.555	0.222	0
5	2.333	0.222	0	0.222	0.222
6	2	0.143	0	0.429	1.429

续表

核心主题Ⅰ	核心知识点Ⅰ				
	深度学习	情感分析	LDA	语义标注	BERT
7	0.833	0.417	0.583	3.000	0.333
8	0.800	1.200	0.200	0	0
9	0.750	0.750	0	0.083	0
10	0.272	0.363	0.182	0	0
11	0	0	0	0	0
12	0.071	0.071	0	0	0
13	1.333	0	0	0	0

4)基于核心知识点Ⅱ识别知识组合的数据

核心知识点Ⅱ与目标学科知识的共现数据是指2012—2021年表5.9中的"支持向量机"等9个核心知识点Ⅱ与图书情报学科内知识的共现数据,如表8.9所示,表中主要显示一些与核心知识点Ⅱ共现关系较强的图书情报学科知识。

表8.9 核心知识点Ⅱ与图书情报学科知识共现矩阵

学科知识	核心知识点Ⅱ								
	大数据	机器学习	主题模型	支持向量机	条件随机场	特征提取	卷积神经网络	相似度	词向量
图书馆	59	3	2	0	0	0	0	0	1
人工智能	26	10	1	0	0	0	2	0	0
LDA	3	0	16	0	0	0	0	0	0
机器学习	1	0	1	6	2	3	0	0	1
命名实体识别	0	0	0	0	9	2	0	0	0
文本分类	0	6	1	5	1	6	3	0	3
深度学习	2	10	3	1	4	4	14	1	5
本体	6	0	0	0	0	0	0	4	0
…	…	…	…	…	…	…	…	…	…
WORD2VEC	0	0	1	2	0	0	0	0	7

本节构建基于 Bert-BiLstm 的知识语义分类模型的主要目的在于将知识分类为方法类知识与目的类知识，而在科技文献的各种字段中，摘要字段包含了文献的目的、方法、结果和不足等各种信息，因此本节选择以摘要文本为标注数据。通过对比所采集的文献数据集，发现在图书情报学科内"现代情报""情报理论与实践""情报杂志""数据分析与知识发现""情报科学""图书情报知识""情报资料工作"与"图书情报工作"这 8 个期刊内科技文献的摘要写作方式为结构化文摘，以其为基础进行标注较为便捷，故最后选取 8 本期刊内 2018—2022 年共 5 年间的科技文献摘要数据进行标注，数据标注步骤如下。

第一步，摘要分句。首先基于结构化文摘的结构特征将摘要分为目的句、方法句、背景句与结论句等，随后将目的句与方法句按"逗号""句号"对其进行分句。

第二步，句长控制。对于得到的目的分句与方法分句，分别对其进行句长控制，以控制句子语义信息。考虑到目的分句与方法分句的差异，在选择用于标注的分句时本节进行了不同的句长控制，对于目的分句，本节选择对句长在 10~30 字符的目的分句进行标注，对于方法分句，本节选择对句长在 6~25 字符的方法分句进行标注。最后共得到长度在 10~30 字符的目的分句 12 641 条，长度在 6~25 字符的方法分句 13 563 条。

第三步，语义标注。在得到进行句长控制的方法分句与目的分句后，文本采取线索词定位的方法对分句进行标注。若方法符合表 8.10 中所示规则，则将其标注为方法类分句或目的类分句，对不符合任意规则的分句则不进行标注。最后共得到标注成功的 10 965 条分句，其中目的类分句 6 568 条，方法类分句 4 397 条，如表 8.11 所示。

表 8.10　分句标注规则

分句类型	标注规则	
	句子以特定字词开头	句子中包含特定字词
目的分句	对；而；更；可；能；使；探；为；针对	帮助；旨在；尝试；从而；促进；当前；梳理；发现；丰富；归纳；建立；建设；揭示；解决；尽管；进而；进一步；开展；了解；厘清；理解；面对；面向；明确；目前；克服；剖析；然而；如何；实现；试图；拓宽；拓展；提高；提升；填补；推动；推进；完善；现有；需要；以期；由于；有利于；有助于；总结

续表

分句类型	标注规则	
	句子以特定字词开头	句子中包含特定字词
方法分句	应用；引入	方法；通过；理论；利用；采用；角度；视角；根据；使用；基于；运用；结合；借助；借鉴；依据

表8.11 标注数据

序号	句子	语义类型	标签
1	从功能角度出发	方法	1
2	为用户个人信息的合规采集与利用提供参考	目的	0
3	刻画了主题演化与主题预测的方法路径；最后	方法	1
4	更好地净化微博舆情环境	目的	0
5	结合《科学数据管理办法》解读	方法	1
6	并为了解当前研究态势提供参考	目的	0
7	更好地监督和引导舆情走向	目的	0
8	利用演化博弈理论	方法	1
9	探究社交媒体倦怠的原因要素和结果要素标签	目的	0
…	…	…	…
10 963	基于问卷回收数据构建SEM模型；第三步	方法	1

核心知识点Ⅱ与其他学科知识的共现数据则是指2019—2021年表5.9中的"支持向量机"等9个核心知识点Ⅱ及计算机科学与技术学科内知识的共现数据，如表8.12所示（仅显示与核心知识点Ⅱ有共现关系的计算机科学与技术学科知识）。

表8.12 核心知识点Ⅱ与计算机科学与技术知识的共现矩阵

学科知识	核心知识点Ⅱ									
	卷积神经网络	机器学习	特征提取	支持向量机	大数据	词向量	条件随机场	相似度	主题模型	共现频次
深度学习	261	36	37	8	6	9	6	0	4	367
注意力机制	75	2	7	0	0	7	7	0	5	103

续表

学科知识	核心知识点Ⅱ									
	卷积神经网络	机器学习	特征提取	支持向量机	大数据	词向量	条件随机场	相似度	主题模型	共现频次
特征融合	54	3	8	5	0	1	1	0	1	73
目标检测	43	2	6	0	0	0	0	0	0	51
迁移学习	36	4	3	3	0	1	0	0	0	47
自然语言处理	13	10	1	1	4	6	1	0	1	37
循环神经网络	28	1	3	0	0	4	1	0	0	37
文本分类	19	4	3	2	1	5	0	0	0	35
入侵检测	13	6	6	9	0	0	0	0	0	34
…	…	…	…	…	…	…	…	…	…	…
人工智能安全	0	0	1	0	0	0	0	0	0	1

5)基于核心知识点Ⅲ识别知识组合的数据

核心知识点Ⅲ与核心主题Ⅰ中知识的共现数据是指2012—2021年图书情报学科内知识状态为平稳型或增长型的15个核心知识点Ⅲ(见表5.13)与14个核心主题Ⅰ(见表5.6)间的共现数据,知识点与主题间的共现值通过对各主题内知识与知识点的共现频次取均值得到,如表8.13所示。

表8.13 核心知识点Ⅲ与核心主题Ⅰ共现矩阵

核心主题Ⅰ	核心知识点Ⅲ								
	循环神经网络	长短期记忆网络	降维	相似性度量	数据中心	分布式	序列标注	语言模型	……	BILSTM
0	0.192	0.231	0.077	0	0.038	0	0.154	0.192	…	0.231
1	0.053	0	0.105	0.263	0	0.105	0.053	0	…	0
2	0	0	0.077	0	0	0	0	0	…	0
3	0	0	0	0	0	0	0.125	0	…	0
4	0	0	0	0.111	0	0	0	0	…	0
5	0	0	0.111	0.222	0	0	0	0.111	…	0

续表

核心主题Ⅰ	核心知识点Ⅲ								
	循环神经网络	长短期记忆网络	降维	相似性度量	数据中心	分布式	序列标注	语言模型	……	BILSTM
6	0.143	0.143	0	0	0	0	0.286	0	…	0
7	0	0	0	0	0.333	0.25	0	0	…	0
8	0.4	0	0	0.2	0	0	0	0	…	0
9	0	0	0.167	0	0	0	0	0	…	0
10	0	0	0	0	0.182	0.182	0	0	…	0
11	0	0	0	0	0	0	0	0	…	0
12	0	0	0	0	0	0.143	0	0	…	0
13	0	0	0	0	0.333	0	0	0	…	0

2. 基于第Ⅰ类核心主题的知识组合识别

在基于核心主题Ⅰ-3进行跨学科知识组合时，按照6.1.1节的思路首先寻找与核心主题Ⅰ-7关联的新知识。表8.1与表8.2中分别展示了2012—2021年与2019—2021年图书情报学科内知识与核心主题Ⅰ-7的共现矩阵与共现频次，首先通过公式(8.1)以2019—2021年的共现频次为F_r，以2012—2021年的共现频次为F_t进行知识新颖率的计算，结果如表8.14所示。

表8.14　图书情报学科知识新颖率

序号	知识	$R_{新颖}$	序号	知识	$R_{新颖}$	序号	知识	$R_{新颖}$
1	深度学习	100.0%	27	信息服务	20.7%	53	专利	10.0%
2	开放共享	83.3%	28	研究热点	20.0%	54	信息资源	10.0%
3	科学数据管理	75.0%	29	机构知识库	20.0%	55	开放存取	10.0%
4	数字人文	59.5%	30	人工智能	20.0%	56	研究前沿	10.0%
5	智库	58.3%	31	知识聚合	20.0%	57	语义检索	10.0%
6	智慧图书馆	50.0%	32	知识组织	19.6%	58	移动视觉搜索	10.0%
7	非物质文化遗产	42.9%	33	聚类分析	18.2%	59	知识服务	9.1%
8	影响因素	40.0%	34	知识产权	18.2%	60	服务模式	9.1%
9	主题演化	40.0%	35	本体	17.8%	61	语义标注	8.3%

续表

序号	知识	$R_{新颖}$	序号	知识	$R_{新颖}$	序号	知识	$R_{新颖}$
10	数据共享	37.5%	36	引文分析	16.7%	62	情报学	7.1%
11	科技文献	37.5%	37	用户行为	16.7%	63	数字图书馆	6.5%
12	网络舆情	35.7%	38	知识服务能力	16.7%	64	本体构建	6.3%
13	数据出版	35.7%	39	大数据	15.7%	65	CITESPACE	4.8%
14	数据管理	35.1%	40	知识表示	15.4%	66	知识库	4.0%
15	服务创新	33.3%	41	知识管理	15.0%	67	云计算	2.9%
16	知识图谱	32.4%	42	领域本体	15.0%	68	可视化	0.0%
17	知识发现	32.1%	43	用户需求	14.3%	69	模型	0.0%
18	公共图书馆	30.0%	44	图书馆	13.5%	70	叙词表	0.0%
19	社会网络	30.0%	45	信息检索	13.3%	71	图书馆服务	0.0%
20	文献计量	29.0%	46	知识关联	13.3%	72	馆藏资源	0.0%
21	信息组织	28.6%	47	数字资源	12.5%	73	主题图	0.0%
22	开放获取	27.3%	48	文本挖掘	12.5%	74	竞争情报	0.0%
23	学科服务	25.0%	49	共词分析	12.0%	75	学科馆员	0.0%
24	关联数据	23.3%	50	社会网络分析	11.1%	76	用户体验	0.0%
25	高校图书馆	22.2%	51	语义网	11.1%	77	个性化服务	0.0%
26	元数据	22.2%	52	专利分析	10.0%			

表 8.14 中展示了"深度学习"等 77 个与核心主题 I-7 具有共现关系的知识的 $R_{新颖}$ 值，通过 $R_{新颖}$ 值可以清楚得知 77 个知识在 2019—2021 年与核心主题 I-3 间的共现强度，且 $R_{新颖}$ 值越高，则说明知识近几年与核心主题 I-7 间可挖掘的组配价值也越高，本书认为 $R_{新颖}$ 值达到 40% 的知识具有较高的挖掘价值。此外，除了 $R_{新颖}$ 值之外，2012—2021 年知识的总出现频次也可用于判断知识的近年开发价值。例如，结合表 8.14 与表 8.2 所示数据，可以发现知识"影响因素"与"主题演化"的 $R_{新颖}$ 值都为 40%，但"影响因素"的总频次为 15，"主题演化"的总频次为 10，在 $R_{新颖}$ 值相同的条件下，"影响因素"相较于"主题演化"在近几年内与核心主题 I-7 间具有更高的价值挖掘可能。基于对表 8.14 中知识 $R_{新颖}$ 值的分布情况分析，本节选择 $R_{新颖}$ 值达到 40% 的"深度学习"等 9 个图书情报学科知识作为用于识别跨学科知识组合的知识。

在识别出图书情报学科内与核心主题 I-9 间具有一定关联的新知识后，下一步即寻找与核心主题 I-9 关联较强的核心知识点 I。表 8.3 中已经显示了核心知识点 I 与核心主题Ⅰ-9的共现数据，可以发现核心知识点Ⅰ"语义标注"相较于其他核心知识点Ⅰ与核心主题Ⅰ-9间具有最强的共现关系，因此本节将"语义标注"视为与核心主题Ⅰ-9高度相关的核心知识点Ⅰ。

在找出与核心主题Ⅰ关联的新知识、核心知识点Ⅰ后，即可将核心主题Ⅰ视为媒介，将新知识与核心知识点Ⅰ进行组配形成跨学科知识组合。组合结果如表8.15所示。

表8.15 基于核心主题Ⅰ-7的跨学科知识组合

图书情报学科新知识	核心知识点Ⅰ	知识组合
深度学习	语义标注	"深度学习"-"语义标注"
开放共享		"开放共享"-"语义标注"
科学数据管理		"科学数据管理"-"语义标注"
数字人文		"数字人文"-"语义标注"
智库		"智库"-"语义标注"
智慧图书馆		"智慧图书馆"-"语义标注"
非物质文化遗产		"非物质文化遗产"-"语义标注"
影响因素		"影响因素"-"语义标注"
主题演化		"主题演化"-"语义标注"

从基于核心主题Ⅰ-7进行的跨学科知识组合识别结果来看，通过核心主题Ⅰ进行知识组合的识别具有不错的效果。核心主题Ⅰ持续存在于目标学科内，因此可以将核心主题Ⅰ作为沟通目标学科内新知识与核心知识点Ⅰ的媒介。此外，核心知识点Ⅰ虽然在目标学科内仍具有一定的挖掘价值，但是因其已得到一定程度的开发，故较难通过历史数据来对其进行新的跨学科知识组合发现，而通过核心主题Ⅰ，则可以较为容易地建立核心知识点Ⅰ与学科或主题内新知识的关联，从而继续开发核心知识点Ⅰ的价值。此外，本节识别出来的"深度学习"-"语义标注"和"开放共享"-"语义标注"等9个跨学科知识组合，都是由核心知识点Ⅰ与图书情报学科内的新知识或最近才与核心主题Ⅰ-7产生较强关联的知识组合而来，在开发知识组合价值时可参照核心知识点Ⅰ以往在图书情报学科内的应用方法。

3. 基于第二类核心主题的知识组合识别

在基于核心主题Ⅱ-3进行跨学科知识组合时，按照6.1.2节所述思路首先寻找与核心主题Ⅱ-3关联的新知识。表8.4与表8.5中分别展示了2008—2021年与2019—2021年计算机科学与技术学科内知识与核心主题Ⅱ-3的共现矩阵与共现频次,首先通过公式(8.1)以2019—2021年的共现频次为F_r,以2008—2021年的共现频次为F_l进行知识新颖率的计算,结果如表8.16所示。

表8.16 计算机科学与技术学科知识新颖率

序号	知识	$R_{新颖}$	序号	知识	$R_{新颖}$	序号	知识	$R_{新颖}$
1	损失函数	100.0%	24	文本分类	72.7%	47	机器视觉	25.9%
2	YOLOV3	100.0%	25	循环神经网络	70.6%	48	人脸识别	25.7%
3	生成对抗网络	100.0%	26	推荐系统	70.0%	49	目标识别	25.0%
4	空洞卷积	100.0%	27	神经网络	66.7%	50	小波变换	25.0%
5	残差网络	100.0%	28	图像处理	64.5%	51	局部特征	25.0%
6	数据增强	95.5%	29	半监督学习	63.6%	52	特征选择	21.4%
7	语义分割	93.3%	30	聚类	60.0%	53	图像融合	21.4%
8	注意力机制	92.4%	31	图像识别	59.1%	54	图像检索	21.4%
9	长短期记忆网络	90.9%	32	机器学习	56.4%	55	高斯混合模型	16.7%
10	多尺度特征	90.0%	33	词向量	53.8%	56	支持向量机	15.5%
11	特征融合	88.2%	34	深度卷积神经网络	52.9%	57	粒子滤波	12.5%
12	深度学习	87.2%	35	图像增强	50.0%	58	稀疏表示	11.1%
13	图像修复	83.3%	36	行为识别	47.4%	59	稀疏编码	10.0%
14	迁移学习	82.9%	37	情感分析	46.2%	60	纹理特征	7.7%
15	目标检测	81.8%	38	特征提取	43.6%	61	边缘检测	5.6%
16	卷积神经网络	80.5%	39	行人检测	42.1%	62	混合高斯模型	0.0%
17	深度神经网络	80.0%	40	分类	41.7%	63	OPENCV	0.0%
18	遥感图像	78.3%	41	鲁棒性	38.5%	64	数学形态学	0.0%

续表

序号	知识	$R_{新颖}$	序号	知识	$R_{新颖}$	序号	知识	$R_{新颖}$
19	多尺度	76.9%	42	条件随机场	38.5%	65	背景建模	0.0%
20	超分辨率	76.9%	43	图像分割	36.4%	66	中值滤波	0.0%
21	图像分类	75.0%	44	目标跟踪	30.2%	67	HOUGH 变换	0.0%
22	计算机视觉	73.7%	45	模式识别	28.6%			
23	自然语言处理	73.3%	46	主成分分析	28.6%			

表8.16中展示了在2019—2021年与核心主题Ⅱ-3具有共现关系的知识的$R_{新颖}$值，通过$R_{新颖}$值，可以分析知识在2019—2021年与核心主题Ⅱ-3间的共现强度，$R_{新颖}$值越高则说明知识近几年与核心主题Ⅱ-3间可挖掘的组配价值也越高。基于对表8.16中知识$R_{新颖}$值的分布情况分析，本节选择$R_{新颖}$值达到90%的"损失函数"等10个计算机科学与技术学科知识作为用于识别跨学科知识组合的知识。

在识别出计算机科学与技术学科内与核心主题Ⅱ-3间具有一定关联的新知识后，下一步即寻找与核心主题Ⅱ-3关联较强的核心知识点Ⅱ。表8.6中已经显示了核心主题Ⅱ-3与核心知识点Ⅱ的共现数据，可以发现核心知识点Ⅱ"卷积神经网络"相较于其他核心知识点Ⅱ与核心主题Ⅱ-3间具有最强的共现关系，因此本节将"卷积神经网络"视为与核心主题Ⅱ-3高度相关的核心知识点Ⅱ。

在找出与核心主题Ⅱ-3高度相关的核心知识点Ⅱ后，即可进一步分析知识点Ⅱ与目标学科内知识的关联。表8.7中已经显示了核心知识点Ⅱ与图书情报学科知识的共现数据，本书认为与核心知识点Ⅱ"卷积神经网络"共现频次达到3及以上的"深度学习"等6个图书情报学科知识具有较大的跨学科价值挖掘潜力，因此将这6个图书情报学科知识视为用于组合跨学科知识组合的知识。

随后，以核心主题Ⅱ与核心知识点Ⅱ为媒介，即可将计算机科学与技术学科内的新知识与图书情报学科内的知识进行组合，形成跨学科知识组合。将"损失函数"等10个计算机科学与技术学科知识与"深度学习"等6个图书情报学科内已有知识进行组配，即可形成60个跨学科知识组合，结果如表8.17所示。

表 8.17 基于核心主题Ⅱ-3的跨学科知识组合

计算机科学与技术学科新知识	图书情报学科知识	知识组合
损失函数	深度学习	"损失函数"-"深度学习"；"损失函数"-"词向量"；"损失函数"-"主题模型"；"损失函数"-"文本分类"；"损失函数"-"情感分类"；"损失函数"-"循环神经网络"……
YOLOV3	词向量	
生成对抗网络	主题模型	
空洞卷积	文本分类	
残差网络	情感分类	
数据增强	循环神经网络	
语义分割		
注意力机制		
长短期记忆网络		
多尺度特征		

从表 8.17 所示的跨学科知识组合识别结果来看，通过核心主题Ⅱ进行知识组合的识别，能有效地将其他学科内具有跨学科潜力的新知识与目标学科中已经展现跨学科价值的知识进行组合。这是因为，一方面通过核心主题Ⅱ可以较为便捷地识别出其他学科内具有跨学科潜力的新知识，另一方面，通过核心主题Ⅱ与核心知识点Ⅱ，能找出之前与核心主题Ⅱ具有一定关联的目标学科知识。此外，本节识别出来的"损失函数"-"深度学习"和"损失函数"-"词向量"等 60 个跨学科知识组合，都是由计算机科学与技术学科内的新知识与图书情报学科内的已有知识组合而来，在开发知识组合价值时需要思考计算机科学与技术学科内新知识的用法。

4. 基于第Ⅰ类核心知识点的知识组合识别

在基于核心知识点Ⅰ进行跨学科知识组合时，按照 6.2.1 节所述思路，首先寻找与核心知识点Ⅰ关联的核心主题Ⅰ。表 8.8 中展示了核心知识点Ⅰ与核心主题Ⅰ的共现数据，基于表 8.8 所示数据可以发现"深度学习""情感分析""LDA""语义标注"与"BERT"5 个核心知识点Ⅰ分别与核心主题Ⅰ-0、核心主题Ⅰ-2、核心主题Ⅰ-3、核心主题Ⅰ-7 和核心主题Ⅰ-6 具有最强的共现关系，因此本节将其视为关联的核心知识点Ⅰ与核心主题Ⅰ。

在分析知识组合的开发潜力时，需要用到核心知识点Ⅰ与核心主题Ⅰ的共现数据，即 2012—2021 年图书情报学科内"深度学习""情感分析""LDA""语义标注"与"BERT"5 个核心知识点Ⅰ与核心主题Ⅰ-0、核心主题Ⅰ-2、核心主题Ⅰ-3、核心主题Ⅰ-7 和核心主题Ⅰ-6 中知识的共现数据，如表 8.18 所示。

表 8.18 核心知识点 I 与核心主题 I 知识共现频次

核心主题I-0	深度学习	核心主题I-2	情感分析	核心主题I-3	LDA	核心主题I-7	语义标注	核心主题I-6	BERT
神经网络	16	情感词典	10	主题挖掘	4	知识组织	5	BILSTM	3
文本分类	14	用户评论	9	关键词抽取	3	数字图书馆	4	术语抽取	2
知识图谱	9	突发公共卫生事件	6	TEXTRANK	3	领域本体	4	文献分类	2
命名实体识别	8	评论挖掘	6	社会网络分析	2	信息抽取	4	知识抽取	1
数字人文	5	产品评论	6	知识结构	2	知识服务	3	实体识别	1
注意力机制	5	社会化媒体	5	政策文本	2	可视化	3	BI-LSTM-CRF	1
循环神经网络	5	用户需求	2	热点主题	2	语义网	3	特征模板	0
特征融合	4	观点挖掘	2	主题聚类	2	科学数据	2		
自动识别	4	综述	1			知识库	2		
智慧图书馆	3	复杂网络	1			非物质文化遗产	2		
信息检索	3	关联规则	1			本体构建	2		
知识发现	3	集成学习	1			语义检索	2		
自然语言处理	3	语义相似度	0						
学术文献	3								
迁移学习	3								
社交媒体	2								
长短期记忆网络	2								
突发事件	1								
自动分类	1								
情感分类	1								
关系抽取	1								
电子病历	1								
舆情监测	0								
舆情分析	0								

续表

核心主题I-0	深度学习	核心主题I-2	情感分析	核心主题I-3	LDA	核心主题I-7	语义标注	核心主题I-6	BERT
TF-IDF	0								
短文本分类	0								

对表8.18进行分析，可以发现核心知识点Ⅰ与对应的核心主题Ⅰ内的知识可能已经具有较高的共现频次，例如"深度学习"与"神经网络"间的共现频次为16，"情感词典"与"情感分析"间的共现频次为10。本书认为，共现频次在2及以下的知识组合，其潜在挖掘价值较高，故基于核心知识点Ⅰ识别的跨学科知识组合结果如表8.19所示。

表8.19 基于核心知识点Ⅰ的跨学科知识组合

核心知识点Ⅰ	核心主题Ⅰ知识	知识组合
深度学习	社交媒体 长短期记忆网络 突发事件 自动分类 情感分类 关系抽取 电子病历 舆情监测 舆情分析 TF-IDF 短文本分类	"深度学习"-"社交媒体"；"深度学习"-"长短期记忆网络"；"深度学习"-"突发事件"；"深度学习"-"自动分类"；"深度学习"-"情感分类"；"深度学习"-"关系抽取"；"深度学习"-"电子病历"；"深度学习"-"舆情监测"；"深度学习"-"舆情分析"；"深度学习"-"TF-IDF"；"深度学习"-"短文本分类"
情感分析	用户需求 观点挖掘 综述 复杂网络 关联规则 集成学习 语义相似度	"情感分析"-"用户需求"；"情感分析"-"观点挖掘"；"情感分析"-"综述"；"情感分析"-"复杂网络"；"情感分析"-"关联规则"；"情感分析"-"集成学习"；"情感分析"-"语义相似度"

续表

核心知识点Ⅰ	核心主题Ⅰ知识	知识组合
LDA	社会网络分析	"LDA"-"社会网络分析"；"LDA"-"知识结构"；"LDA"-"政策文本"；"LDA"-"热点主题"；"LDA"-"主题聚类"
	知识结构	
	政策文本	
	热点主题	
	主题聚类	
语义标注	科学数据	"语义标注"-"科学数据"；"语义标注"-"知识库"；"语义标注"-"非物质文化遗产"；"语义标注"-"本体构建"；"语义标注"-"语义检索"
	知识库	
	非物质文化遗产	
	本体构建	
	语义检索	
BERT	术语抽取	"BERT"-"术语抽取"；"BERT"-"文献分类"；"BERT"-"知识抽取"；"BERT"-"实体识别"；"BERT"-"BI-LSTM-CRF"；"BERT"-"特征模板"
	文献分类	
	知识抽取	
	实体识别	
	BI-LSTM-CRF	
	特征模板	

从基于核心知识点Ⅰ进行的跨学科知识组合的识别结果来看，通过对核心知识点Ⅰ与核心主题Ⅰ之间的关联进行挖掘可以进一步开发出核心知识点Ⅰ在目标学科内的跨学科价值。因为本节识别出的核心知识点Ⅰ已经在图书情报学科内得到一定的应用，因此对于表8.19中所示的跨学科知识组合，也可以参照核心知识点Ⅰ之前在图书情报学科内的应用方法对其进行跨学科价值的后续开发。此外，基于核心知识点Ⅰ的跨学科知识组合识别方法与基于核心主题Ⅰ的跨学科知识组合识别方法都对核心知识点Ⅰ与核心主题Ⅰ之间的共现关系进行了挖掘，但是基于核心知识点Ⅰ的方法主要目的在于识别出目标学科内已具有一定联系但还需进行价值开发的知识组合，基于核心主题Ⅰ的方法主要目的则在于识别出目标学科内具有跨学科价值的新知识及其跨学科知识组合，两类方法存在一定的互补性，通过组合两种方法可以较为全面地从目标学科视角出发进行跨学科知识组合的识别。

5. 基于第Ⅱ类核心知识点的知识组合识别

在基于核心知识点Ⅱ进行跨学科知识组合时，按照6.2.2节所述思路，首先挖掘与核心知识点Ⅱ具有较强关联的目标学科知识，表8.9中已经显示了核心知识点Ⅱ与图书情报学科知识间的共现数据，基于对共现数据的分析，本节选取与每个核心知识点Ⅱ共现频次最高的5个图书情报学科知识作为用于组合跨学科知识组合的知识，如表8.20所示。

表8.20 与核心知识点Ⅱ共现频次较高的图书情报知识

核心知识点Ⅱ		大数据	机器学习	主题模型	支持向量机	条件随机场	特征提取	卷积神经网络	相似度	词向量
图书情报学科知识	图书馆	深度学习	LDA	机器学习	命名实体识别	文本分类	深度学习	本体	WORD2VEC
	知识服务	情感分析	文本挖掘	文本分类	特征模板	深度学习	词向量	协同过滤	卷积神经网络
	情报学	人工智能	主题演化	微博	深度学习	支持向量机	主题模型	微博	深度学习
	人工智能	自然语言处理	LDA模型	特征提取	支持向量机	机器学习	文本分类	关联数据	神经网络
	情报分析	文本分类	文本聚类	神经网络	实体识别	语义相似度	情感分类	社会网络	文本分类

随后，本节从表8.11所列的已经完成标注的数据中随机选取出4 300条标注为目的类型的句子与4 300条标注为方法的句子用于Bert-BiLstm语义分类模型的构建。在构建Bert-BiLstm语义分类模型时，为解决过拟合问题，在模型训练时本节选择在BiLstm层后加入Dropout层，以随机删除网络中部分神经元。在超参数的设置上，Bert模型是在Google训练好的模型基础上进行微调操作，故经过词向量嵌入之后的输入维度为768，依据句长截取结果设置读取字符的最大长度为30，LSTM隐藏层神经元的数量设置为256，Batch Size值设置为16，学习率取1×10^{-5}，epoch迭代次数设置为30，dropout设置为0.5。此外，通过Adam梯度下降方法来优化模型的训练效果。将总共8 600条标注好的评论按训练集∶测试集∶验证集=6∶2∶2的比例进行划分，并输入到模型中进行训练，模型训练效果如表8.21所示。

表8.21 基于Bert-BiLstm模型的知识语义分类效果

语义类型	precision	recall	f_1-score	验证集条目
目的	0.954	0.967	0.961	860
方法	0.967	0.954	0.960	860
均值	0.961	0.961	0.961	

从表8.21中的模型训练结果可以看出,基于Bert-BiLstm模型能较好地完成知识语义分类任务,对目的与方法类知识的划分准确率都较高,对两类知识语义分类准确率的均值也达到了0.961,模型效果较为优异。

表8.12中展示了2019—2021年核心知识点Ⅱ与计算机科学与技术内其他知识的共现频次,通过对表中结果进行分析,本书认为与核心知识点Ⅱ共现的总频次达到5及以上的知识与核心知识点具有较强的关联性,可以作为用于组合跨学科知识组合的候选知识。因此,基于表8.12选取共现频次大于5的"深度学习"等176个知识,加上"卷积神经网络"等9个核心知识点Ⅱ,共选取185个知识用于后续研究。构建2019—2021年计算机科学与技术学科内185个知识间的完全共现矩阵,如表8.22所示。

表8.22 知识完全共现矩阵

知识＼知识	深度学习	卷积神经网络	注意力机制	神经网络	机器学习	特征提取	遗传算法	……	卷积核
深度学习	0	261	87	62	36	37	1	…	0
卷积神经网络	261	0	75	2	7	34	3	…	5
注意力机制	87	75	0	21	2	7	0	…	0
神经网络	62	2	21	0	9	5	3	…	0
机器学习	36	7	2	9	0	11	4	…	0
特征提取	37	34	7	5	11	0	2	…	0
遗传算法	1	3	0	3	4	2	0	…	0
特征融合	46	54	27	8	3	8	1	…	0
目标检测	73	43	19	8	2	6	0	…	0
……	…	…	…	…	…	…	…	…	…
卷积核	0	5	0	0	0	0	0	…	0

表8.20中展示了与核心知识点Ⅱ相关性较高的计算机科学与技术学科内知识的共现矩阵,因为尚未对其进行知识语义类型分类,故将该矩阵称为完全共现矩阵。表8.20中共有"创新"等185个知识。本节依据构建的Bert-BiLstm知识语义分类模型对185个知识进行目的与方法类型的知识二分类,知识语义分类结果如表8.23所示。

表8.23　知识语义分类结果

知识	语义类型	知识	语义类型	知识	语义类型
深度学习	目的	隐私保护	方法	自然语言处理	方法
卷积神经网络	方法	支持向量机	目的	强化学习	目的
注意力机制	方法	聚类	方法	图像分割	方法
神经网络	方法	云计算	方法	文本分类	方法
机器学习	方法	特征选择	方法	深度神经网络	目的
特征提取	方法	协同过滤	方法	随机森林	目的
遗传算法	方法	迁移学习	方法	分类	目的
特征融合	方法	知识图谱	方法	长短期记忆网络	目的
目标检测	方法	推荐系统	目的	……	……
生成对抗网络	目的	大数据	目的	卷积核	方法

对表8.23中的语义分类结果进行分析，可以发现通过构建的Bert-BiLstm模型可以得到较好的知识语义分类效果。9个核心知识点Ⅱ中"卷积神经网络""特征提取""机器学习""主题模型""条件随机场"和"词向量"共6个知识被识别为方法类知识，"支持向量机""大数据"和"相似度"共3个知识被识别为目的类知识。因为本节的主要目的是基于核心知识点Ⅱ进行跨学科知识组合的识别，考虑到图书情报学科较为倾向于从计算机科学与技术学科内引入研究方法，故结合知识语义分类结果将6个方法类核心知识点Ⅱ作为主要研究对象，从表8.22所示的完全共现矩阵中抽取出以目的类知识为特征项的方法类知识间接共现矩阵，将其称为目的间接共现矩阵，如表8.24所示。抽取的矩阵可以通过目的类知识与方法类知识之间的共现关系来表示方法类知识的特征，从而挖掘出与方法类核心知识点Ⅱ相似度较高的方法类知识。

表8.24　核心知识点Ⅱ的目的间接共现矩阵

方法类知识	目的类知识							
	深度学习	生成对抗网络	支持向量机	推荐系统	大数据	强化学习	深度神经网络	……	字向量
卷积神经网络	261	22	11	7	1	2	8	…	3
注意力机制	87	9	0	12	0	2	3	…	2
神经网络	62	0	4	7	2	2	2	…	0

续表

方法类知识	目的类知识							
	深度学习	生成对抗网络	支持向量机	推荐系统	大数据	强化学习	深度神经网络	……	字向量
机器学习	36	3	7	2	4	6	6	…	0
特征提取	37	1	7	2	0	0	4	…	0
遗传算法	1	0	2	0	1	0	1	…	0
特征融合	46	2	5	0	0	0	2	…	0
目标检测	73	1	0	0	0	0	2	…	0
隐私保护	3	1	1	3	2	0	0	…	0
…	…	…	…	…	…	…	…	…	…
卷积核	0	0	0	0	0	0	1	…	0

在得到核心知识点Ⅱ的完全共现矩阵与目的共现矩阵后，即可将矩阵中的行作为特征项，通过余弦相似度算法计算核心知识点Ⅱ与其他知识之间的余弦相似度。此外，在计算相似度时，考虑到部分特征项如"深度学习"的值较大，为避免对相似度结果产生影响，对表8.23与表8.24中的数据按列进行归一化处理后（将值映射到0~1）再计算相似度，6个方法类核心知识点Ⅱ与其他知识间基于完全共现矩阵得到的余弦相似度结果如表8.25所示，6个方法类核心知识点Ⅱ与其他知识间基于目的共现矩阵得到的余弦相似度结果如表8.26所示。

表8.25 基于完全共现矩阵的相似度结果

知识	卷积神经网络	知识	特征提取	知识	机器学习	知识	主题模型	知识	条件随机场	知识	词向量
卷积神经网络	1.000	特征提取	1.000	机器学习	1.000	主题模型	1.000	条件随机场	1.000	词向量	1.000
深度学习	0.757	支持向量机	0.577	随机森林	0.481	TEXTRANK	0.465	序列标注	0.593	自注意力机制	0.605
注意力机制	0.623	主成分分析	0.507	特征选择	0.477	双向门控循环单元	0.432	命名实体识别	0.530	双向长短时记忆网络	0.503
特征融合	0.606	人脸识别	0.489	特征提取	0.474	句子相似度	0.407	BERT	0.522	语义特征	0.494

续表

知识	卷积神经网络	知识	特征提取	知识	机器学习	知识	主题模型	知识	条件随机场	知识	词向量
迁移学习	0.507	特征选择	0.483	集成学习	0.473	文本情感分析	0.383	信息抽取	0.509	朴素贝叶斯	0.486
特征提取	0.454	机器学习	0.474	深度学习	0.441	多任务学习	0.368	自然语言处理	0.494	自然语言处理	0.467
目标检测	0.435	深度学习	0.466	支持向量机	0.414	文本摘要	0.355	事件抽取	0.482	句子相似度	0.438
生成对抗网络	0.435	卷积神经网络	0.454	入侵检测	0.409	关系抽取	0.355	双向长短期记忆网络	0.479	注意力机制	0.421
神经网络	0.426	神经网络	0.399	决策树	0.372	循环神经网络	0.340	语言模型	0.437	TEXTRANK	0.420
……	…	……	…	……	…	……	…	……	…	……	…
MAPREDUCE	0.020	MAPREDUCE	0.004	残差学习	0.001	蚁群算法	0.000	现场可编程门阵列	0.000	语音识别	0.001

表 8.26 基于目的共现矩阵的相似度结果

知识	卷积神经网络	知识	特征提取	知识	机器学习	知识	主题模型	知识	条件随机场	知识	词向量
卷积神经网络	1.000	特征提取	1.000	机器学习	1.000	主题模型	1.000	条件随机场	1.000	词向量	1.000
注意力机制	0.719	主成分分析	0.679	极限学习机	0.624	命名实体识别	0.596	情感分类	0.830	TEXTRANK	0.629
特征融合	0.568	人脸识别	0.603	蚁群算法	0.607	BERT	0.564	语言模型	0.714	朴素贝叶斯	0.623
特征提取	0.549	卷积神经网络	0.549	集成学习	0.603	逻辑回归	0.456	关系抽取	0.651	语义特征	0.467
迁移学习	0.549	循环神经网络	0.486	网络安全	0.536	语义特征	0.448	情感分析	0.613	长短期记忆神经网络	0.409
残差网络	0.525	方向梯度直方图	0.470	增量学习	0.534	TEXTRANK	0.432	计算机辅助诊断	0.552	注意力机制	0.408
神经网络	0.490	机器学习	0.470	特征选择	0.520	特征提取	0.414	文本分类	0.488	自然语言处理	0.357
图像分类	0.441	动作识别	0.454	特征提取	0.470	知识图谱	0.371	神经网络	0.445	聚类算法	0.336

续表

知识	卷积神经网络	知识	特征提取	知识	机器学习	知识	主题模型	知识	条件随机场	知识	词向量
循环神经网络	0.439	聚类	0.454	神经网络	0.469	朴素贝叶斯	0.368	BERT	0.396	情感分析	0.335
……	…	……	…	……	…	……	…	……	…	……	…
TEXT RANK	0.001	属性约简	0.000	BERT	0.001	卷积核	0.000	卷积核	0.000	方向梯度直方图	0.000

为了更直观地对比基于共现频次、完全共现矩阵以及目的类共现矩阵的相关知识挖掘效果，从表8.22中为"卷积神经网络"等6个方法类核心知识点Ⅱ选取出了与其共现频次最高的5个知识，从表8.25中为"卷积神经网络"等6个方法类核心知识点Ⅱ选取出了与其完全共现相似度最高的5个知识，从表8.26中为"卷积神经网络"等6个方法类核心知识点Ⅱ选取出了与其目的共现相似度最高的5个知识，并对选取的知识进行汇总，如表8.27所示。

表8.27 三类方法知识挖掘结果

挖掘方法	核心知识点Ⅱ					
	卷积神经网络	特征提取	机器学习	主题模型	条件随机场	词向量
共现频次	深度学习	深度学习	深度学习	注意力机制	命名实体识别	深度学习
	注意力机制	卷积神经网络	特征提取	推荐算法	注意力机制	卷积神经网络
	特征融合	机器学习	特征选择	深度学习	深度学习	注意力机制
	目标检测	人脸识别	自然语言处理	神经网络	序列标注	自然语言处理
	迁移学习	特征融合	神经网络	聚类	双向长短时记忆网络	命名实体识别
完全共现相似度	深度学习	支持向量机	随机森林	TEXTRANK	序列标注	自注意力机制
	注意力机制	主成分分析	特征选择	双向门控循环单元	命名实体识别	双向长短时记忆网络
	特征融合	人脸识别	特征提取	句子相似度	BERT	语义特征
	迁移学习	特征选择	集成学习	文本情感分析	信息抽取	朴素贝叶斯
	特征提取	机器学习	深度学习	多任务学习	自然语言处理	自然语言处理

续表

挖掘方法	核心知识点Ⅱ					
	卷积神经网络	特征提取	机器学习	主题模型	条件随机场	词向量
目的共现相似度	注意力机制	主成分分析	极限学习机	命名实体识别	情感分类	TEXTRANK
	特征融合	人脸识别	蚁群算法	BERT	语言模型	朴素贝叶斯
	特征提取	卷积神经网络	集成学习	逻辑回归	关系抽取	语义特征
	迁移学习	循环神经网络	网络安全	语义特征	情感分析	长短期记忆神经网络
	残差网络	方向梯度直方图	增量学习	TEXTRANK	计算机辅助诊断	注意力机制

对比知识挖掘结果，可以发现在基于共现频次挖掘相关知识时，挖掘到的知识大多是与核心知识点Ⅱ具有互补作用的知识；基于完全共现相似度挖掘相关知识时，挖掘到的知识对于核心知识点Ⅱ来说具有一定的替代性；基于目的共现相似度挖掘相关知识时，挖掘到的知识对于核心知识点Ⅱ的替代性则更强。例如，以核心知识点Ⅱ"特征提取"为例，基于共现频次挖掘的"深度学习"等知识通常与"特征提取"同时使用来解决研究问题，基于完全共现相似度挖掘的"支持向量机"等知识则可部分取代"特征提取"的作用，基于目的共现相似度进行挖掘，则得到了"主成分分析""卷积神经网络""循环神经网络"和"方向梯度直方图"等多个对"特征提取"具有替代作用的知识。整体而言，通过目的类共现挖掘得到的相关知识可以较好地替换原有的核心知识点Ⅱ，但是，也能发现"人脸识别"等不太符合预期的知识挖掘结果，本书认为这主要受到分类模型效果的限制，本节仅对知识进行了二分类，以后可以对知识进行更细粒度的分类来对效果进行改进。

在完成对比后，使用表8.27中基于目的共现相似度挖掘得到的知识来替换在图书情报学科内已基本失去跨学科价值的核心知识点Ⅱ，并将其与在图书情报学科内曾经和核心知识点Ⅱ组配过的知识(见表8.20)进行组合，从而得到基于核心知识点Ⅱ的跨学科知识组合，如表8.28所示。

表 8.28　基于核心知识点 II 的跨学科知识组合

核心知识点 II	替换知识	图书情报学科知识	知识组合
卷积神经网络	注意力机制 特征融合 特征提取 迁移学习 残差网络	深度学习 词向量 主题模型 文本分类 情感分类	"注意力机制"-"深度学习"；"注意力机制"-"词向量"；"注意力机制"-"主题模型"；"注意力机制"-"文本分类"；"注意力机制"-"情感分类"……
特征提取	主成分分析 人脸识别 卷积神经网络 循环神经网络 方向梯度直方图	文本分类 深度学习 支持向量机 机器学习 语义相似度	"主成分分析"-"文本分类"；"主成分分析"-"深度学习"；"主成分分析"-"支持向量机"；"主成分分析"-"机器学习"；"主成分分析"-"语义相似度"……
机器学习	极限学习机 蚁群算法 集成学习 网络安全 增量学习	深度学习 情感分析 人工智能 自然语言处理 文本分类	"极限学习机"-"深度学习"；"极限学习机"-"情感分析"；"极限学习机"-"人工智能"；"极限学习机"-"自然语言处理"；"极限学习机"-"文本分类"……
主题模型	命名实体识别 BERT 逻辑回归 语义特征 TEXTRANK	LDA 文本挖掘 主题演化 LDA 模型 文本聚类	"命名实体识别"-"LDA"；"命名实体识别"-"文本挖掘"；"命名实体识别"-"主题演化"；"命名实体识别"-"LDA 模型"；"命名实体识别"-"文本聚类"……
条件随机场	情感分类 语言模型 关系抽取 情感分析 计算机辅助诊断	命名实体识别 特征模板 深度学习 支持向量机 实体识别	"情感分类"-"命名实体识别"；"情感分类"-"特征模板"；"情感分类"-"深度学习"；"情感分类"-"支持向量机"；"情感分类"-"实体识别"……
词向量	TEXTRANK 朴素贝叶斯 语义特征 长短期记忆神经网络 注意力机制	WORD2VEC 卷积神经网络 深度学习 神经网络 文本分类	"TEXTRANK"-"WORD2VEC"；"TEXTRANK"-"卷积神经网络"；"TEXTRANK"-"深度学习"；"TEXTRANK"-"神经网络"；"TEXTRANK"-"文本分类"……

从基于核心知识点Ⅱ进行的跨学科知识组合识别结果来看，通过知识语义分类可以从其他学科中挖掘出替换核心知识点Ⅱ的相关知识，从而识别出具有较大价值的跨学科知识组合。例如，表8.28中识别出了"注意力机制"-"深度学习"和"主成分分析"-"文本分类"等具有较高的跨学科潜力的知识组合。区别于以往的未对知识进行语义分类的跨学科知识组合识别研究，通过对知识进行语义分类，一方面可以通过其他类型的知识来对某一类(如方法类)知识进行特征表示，另一方面，也能识别出可以对同类知识进行替换的新知识。此外，本节所提的基于核心知识点Ⅱ的跨学科知识组合识别方法，其效果也受到知识语义分类效果与学科特征的限制。本节是从计算机科学与技术学科内寻找可用于图书情报学科的跨学科知识，有些知识如"卷积神经网络"在图书情报学科内更多的是作为一种方法使用，而在计算机科学与技术学科内，该知识可能会作为一种研究目的，例如研究如何对其进行改进。这些学科间不同知识间的差异会对知识组合识别结果产生影响，以后可对这些现象进行深入分析，从而对基于核心知识点Ⅱ进行的跨学科知识组合识别方法进行完善。

6. 基于第Ⅲ类核心知识点的知识组合识别

在基于核心知识点Ⅲ进行跨学科知识组合时，按照6.2.3节所述思路，首先寻找与核心知识点Ⅲ关联的核心主题Ⅰ。表8.13中展示了核心知识点Ⅲ与核心主题Ⅰ的共现数据，基于表8.13所示数据，可以发现"循环神经网络"等15个核心知识点Ⅲ与多个核心主题Ⅰ都具有一定的共现关系，但从整体来看，核心知识点Ⅲ与核心主题Ⅰ间的共现强度较低。通过对表8.13所示数据进行分析，可以发现"循环神经网络"与核心主题Ⅰ-8之间具有较强的共现关系，本节选择"循环神经网络"与核心主题Ⅰ-8来进行基于核心知识点Ⅲ的跨学科知识组合识别。将"循环神经网络"与核心主题Ⅰ-8中的知识分别进行组合，即可得到跨学科知识组合识别结果，如表8.29所示。

表8.29 基于核心知识点Ⅲ的跨学科知识组合

核心知识点Ⅲ	核心主题Ⅰ-8知识	知识组合
循环神经网络	生物医学	"循环神经网络"-"生物医学"；"循环神经网络"-"公共政策"；"循环神经网络"-"服务模式"；"循环神经网络"-"微博舆情"；"循环神经网络"-"移动视觉搜索"
	公共政策	
	服务模式	
	微博舆情	
	移动视觉搜索	

从基于核心知识点Ⅲ进行的跨学科知识组合识别结果来看，通过挖掘核心知识点Ⅲ与核心主题Ⅰ之间的关联，可以对核心知识点Ⅲ在目标学科内的跨学科开发价值进行预测。

对比基于核心知识点Ⅰ与核心知识点Ⅲ的跨学科知识组合识别方法，两种方法虽然都是基于核心知识点Ⅰ与核心主题Ⅰ之间的共现关系进行，但是核心知识点Ⅰ为已在目标学科内被开发过较长时间的知识，核心知识点Ⅲ则是新出现在目标学科内或是其价值刚被发现的知识，因此在目标学科内，对核心知识点Ⅲ价值的挖掘只能通过对有限数据的分析来实现，识别的跨学科知识组合的开发方向也有待考证。以后可以考虑结合知识语义类型分类的方法，从其他学科内出发，挖掘核心知识点Ⅲ与同类的具有跨学科特征的知识间关联，并借此挖掘核心知识点Ⅲ与目标学科内知识的联系，从而提升基于核心知识点Ⅲ的跨学科知识组合识别结果的全面性与有效性。

8.5 本章小结

本章在之前章节研究的基础上进行了跨学科知识组合的识别。分别从跨学科核心主题与跨学科核心知识点的特征出发，进行了跨学科知识组合的识别。在进行基于跨学科核心主题的跨学科知识组合的识别时，分别结合核心主题Ⅰ与核心主题Ⅱ的特征，从目标学科与其他学科的视角出发，进行了新的具有跨学科价值的知识挖掘，识别了跨学科知识组合。在进行基于跨学科核心知识点的跨学科知识组合的识别时，通过对核心知识点Ⅰ的价值进行后续开发，识别了基于核心知识点Ⅰ的跨学科知识组合，通过对核心知识点Ⅱ进行替换，识别了基于核心知识点Ⅱ的跨学科知识组合，通过对核心知识点Ⅲ的价值进行预测，识别了基于核心知识点Ⅲ的跨学科知识组合。整体而言，本章主要做出了如下贡献。

（1）挖掘了新的具有跨学科潜力的知识。在基于跨学科核心主题Ⅰ与核心主题Ⅱ进行跨学科知识组合识别时，本节分别基于主题进行了目标学科与其他学科内部具有跨学科潜在价值的新知识的发现，并基于之前的跨学科知识组合，对新发现的知识进行组配，形成了跨学科知识组合。通过跨学科核心主题，可以及时发现学科内新出现的潜在跨学科知识，也可以借由主题来挖掘新知识与其他具有跨学科价值的知识间的联系，从而推动新知识价值的开发。

（2）进一步开发了现有的跨学科知识的价值。在基于核心知识点Ⅰ进行跨学科知识组合识别时，本节通过对核心知识点Ⅰ与核心主题Ⅰ之间关联的挖掘，找出了与核心知识点Ⅰ具有较大关联的其他跨学科知识。通过核心知识点Ⅰ与核心主题Ⅰ之间的关联，可以更好地辅助核心知识点Ⅰ的跨学科价值开发。

（3）预测了新的跨学科知识的价值开发方向。在基于核心知识点Ⅲ进行跨学科知识组合识别时，本节通过对核心知识点Ⅲ与核心主题Ⅰ之间关联的挖掘，找出了与核心知识点

Ⅲ具有一定关联的其他跨学科知识，从而预测了核心知识点Ⅲ的知识组合方向。通过核心知识点Ⅲ与核心主题Ⅰ之间的关联，可以尽早实现对核心知识点Ⅲ跨学科价值开发方向的预测，提高了知识利用效率。

(4)改进了基于共现分析的跨学科知识组合识别方法。在基于核心知识点Ⅱ进行跨学科知识组合识别时，本节构建了基于 Bert-BiLstm 的知识语义分类模型，从而将知识分类为目的类知识与方法类知识，在此基础上挖掘了方法类核心知识点Ⅱ与其他学科内其他方法类知识的相似度，从而找出了能对核心知识点Ⅱ进行替换的新知识。基于核心知识点Ⅱ与知识语义分类，可以从跨学科知识的来源学科内，挖掘出与跨学科知识同类型的具有跨学科应用价值的新知识，从而替换掉在目标学科内已经基本失去价值的核心知识点Ⅱ。该方法相较于之前的基于直接共现分析的跨学科知识组合识别方法，在寻找可替换的新知识方面具有更好的表现，也开拓了基于关键词网络分析的知识组合识别思路。